Coding for dummies®
A Wiley Brand

达人迷®

编程可以很简单

［美］尼基尔·亚伯拉罕（Nikhil Abraham）◎ 著

田野 ◎ 译

U0191649

人 民 邮 电 出 版 社

北 京

图书在版编目（CIP）数据

编程可以很简单 / （美）尼基尔·亚伯拉罕著；田
野译. -- 北京：人民邮电出版社，2021.3
（达人迷）
ISBN 978-7-115-52162-0

Ⅰ. ①编… Ⅱ. ①尼… ②田… Ⅲ. ①程序设计－普
及读物 Ⅳ. ①TP311.1-49

中国版本图书馆CIP数据核字(2019)第222125号

◆ 著　　　　　[美]尼基尔·亚伯拉罕（Nikhil Abraham）

译　　　　　田　野

责任编辑　　武晓燕

责任印制　　王　郁　焦志炜

◆ 人民邮电出版社出版发行　　　北京市丰台区成寿寺路 11 号

邮编　100164　电子邮件　315@ptpress.com.cn

网址　https://www.ptpress.com.cn

北京鑫正大印刷有限公司印刷

◆ 开本：800×1000　1/16

印张：17

字数：372 千字　　　　　　　2021 年 3 月第 1 版

印数：1 – 2 400 册　　　　　　2021 年 3 月北京第 1 次印刷

著作权合同登记号　图字：01-2017-8633 号

定价：69.00 元

读者服务热线：(010)81055410　印装质量热线：(010)81055316
反盗版热线：(010)81055315
广告经营许可证：京东市监广登字 20170147 号

内容提要

编程已然成为 21 世纪最流行、最重要的必备技能之一。编程可以方便地解决生活中遇到的多种问题，让生活变得更简单。

本书共分为 5 部分。第 1 部分（第 1 ～ 3 章）讲解什么是代码、编程中常用的语言和编写代码的流程；第 2 部分（第 4 ～ 9 章）讲解如何使用 HTML、CSS 和 JavaScript 编写一个规范的网页；第 3 部分（第 10 ～ 12 章）介绍构建一个 Web 应用的具体过程；第 4 部分（第 13 ～ 14 章）简单介绍 Ruby 和 Python 语言的作用和用法；第 5 部分（第 15 ～ 16 章）介绍一些程序员常用的编程资源和初学者应该注意的问题。

本书适合那些从未接触过编程或者对编程知之甚少的读者。

作者简介

尼基尔·亚伯拉罕（Nikhil Abraham）曾经就职于 Codecademy 公司。在 Codecademy 公司工作期间，他帮助许多科技、金融、传媒以及广告方面的公司培训员工如何编写代码。在他的帮助下，数以千计的市场、销售以及人力资源领域的人学会了如何编写代码，同时其中的许多人能够学以致用，通过练习或者做项目的方式完成了人生中的第一次编程实践，甚至后来一些人经过不断地学习和研究开发出了一些功能实用的 App，成为了比较专业的程序员。在教学工作以外，他还负责 Codecademy 公司的合作伙伴管理以及市场营销工作。在他的努力下，编程活动走进了许多国家的校园。美国、巴西、阿根廷、法国以及英国都是他曾经工作过的地方。

在入职 Codecademy 公司之前，尼基尔曾经在管理咨询、投行以及法律领域工作。他还创办了一家由 Y-Combinator 资助的科技教育类初创型公司。他曾经获得美国芝加哥大学颁发的法学博士（JD）和工商管理硕士（MBA）学位，以及美国塔夫茨大学颁发的经济学学士学位。

尼基尔现在居住在美国纽约曼哈顿。

译者简介

田 野，男，汉族，吉林四平人。2002 年毕业于四川大学计算机软件专业，获得学士学位。毕业后一直在一线工作，从事软件的开发工作，工作内容涉及智能手机、专业多媒体影像采集、数据通信、自动化测试、Web 应用等；对 Linux 系统编程、驱动编程、Web 前后台编程有深入的了解。他曾荣获 2009 年度大连市高新园区创新能手称号、2011 年度沈阳市科技振兴奖，以及多次公司内部奖励。

近年来随着 IT 教育的兴起，他也参与到了编程培训活动中；曾经先后主持了 Python 基础编程、网络编程、系统编程、GUI 编程以及基于 Django 的网站构建等初级、中级和高级内容的培训班；通过授课、实操项目演练以及与学员们的良好沟通，对目前高校教育与社会教育中存在的痛点有着深刻的理解。通过将多年的 IT 从业经验与培训经验有机地结合，他力求把业界最好的科技作品以一种更加贴近国内读者喜好的形式带给大家。

译者序

这是一个日新月异、不断变化、充满活力的行业。就像这本书的作者所说的，计算机行业从未像今天一样受到全社会的关注与追捧。究其原因，正是作为计算机灵魂的软件推动了整个计算机行业，甚至全社会的快速发展。笔者因为孩子参与长笛课外班的缘故有幸也收获了一门音乐爱好，同时也结识了一些这个圈子中的资深人士。常常在与他们交流的时候用计算机行业与音乐行业做类比，也许不恰当但也确实从一个侧面印证了计算机行业的发展是如何颠覆了传统行业"三观"的。纵观管乐的发展，实际上在19世纪初德国著名音乐改革家波姆发明了机械式传动按键系统后就已经定型。在音乐的内容方面，近几十年来也鲜有很大的变化，翻开现今的音乐教材以及各种音乐会的曲目，其内容仍然是数百年前贝多芬、海顿、亨德尔等音乐家的作品。演奏技术方面也没有特别的创新。反观软件行业，一共也只有数十年的历史，而这数十年中的发展变化又岂是三言两语可以形容。从最初的程序员排队等待打印纸带，到鼠标与微软图形化操作系统的诞生，再到一日千里的互联网、Web技术，乔布斯带来的智能手机革命，再到国内BAT三巨头的风光无限，无一例外地在诉说着计算机行业昨日、今日与明日的种种传奇。而这种变化带来的是什么？是需要不断学习新知识的痛苦吗？答案既是又不是。显然，不断学习这件事在"劳形"方面是一定的，学习哪有不累的？看看我家小孩每天写作业时的痛苦表情就略知一二了。而当掌握了这些知识，站在行业发展的潮头挥洒自如，被社会所认可、被别人所需要，这又是何等的一种人生极致呢？

这是一个兼容并蓄、充分承认知识与个人努力的年代。我经常在和身边的朋友们聊天时说：无论现在过得怎么样，都要感谢这个时代。笔者作为一个"80后"，纵观祖国的发展历程，不敢妄加议论。但是看看父辈们的人生，就知道现在这个时代给予了我们多少发展的机会。父辈们生活的年代就像一艘行驶在大海上的轮船，错过了这一班就要等待很久。而我们的时代就好像站台上的高铁，这一班没赶上，最多半个小时还会有一班高铁能到达目的地。笔者通过在工作中和培训班里与各种各样的人一起交流时发现，大多数人虽然身处这个时代，却往往觉得迷茫。想想也是，如今的时代充斥着财富的传奇，难免让人眼花缭乱。面对这些，笔者禁不住要说，别人的故事是别人的，自己的故事还要自己去谱写。找到自己的定位，沉下心去，做行业中的专家。相信这个时代一定会给肯努力、肯用心的人以丰厚的回报。

这是一本学习编程的前导书。在这本书里，尼基尔·亚伯拉罕用平实的语言、生动的案例以及深入浅出的分析，为大家带来了"编程"这个"高冷"概念的另类解说。如果说其他更为高深的编程图书是科学院的大专家在与读者探讨着"嫦娥一号"探月之旅的高深理论，那么这本书就是初中班里那位戴着花镜、严格认真却又平易近人的班主任老师，用她那缓慢而又慈祥的语调，为大家讲述着平面几何中的勾股定理。不过，正如尼基尔所说的，"编程"知识之博大精深，甚至用毕生的精力去探索仍然无法到达终点。所以，这本书也无法面面俱到。这里更多的是为大家指明学习的方向、学习的方法，让大家在阅读了这本书之后对 Web 编程有一个大致的印象，学会为自己的编程生涯树立一个现实的目标，并且为实现这个目标制订一个计划。学会通过利用各种资源完成对每一门编程语言的自学。独立学习、独立思考是这本书所倡导的，当然也是计算机软件这个行业所倡导的。希望大家能够在这本书的带领下，将独立学习、独立思考养成一种习惯、一种性格，这将为大家的职业生涯甚至人生产生积极的意义。最后，祝大家在编程之路上走得更远、走得更快、走得更好！

如果大家在阅读这本书时有什么问题，可以通过电子邮件 tianyesq@sina.com 与我取得联系。欢迎大家对我的工作提出批评与指正。如果需要我的帮助，我也会尽量及时地回复大家。

译者　田野

2020 年 10 月 2 日

致谢

谨将本书献给莫利·罗利（Molly Grovak）。

这本书是在许多人的帮助下得以完稿的。感谢 Wiley 出版社的所有同仁。感谢斯蒂文·海耶斯（Steven Hayes）能够时刻保持一个开放的心态接纳我的想法。有些很好的想法甚至是在电话交流中无意之间碰撞出的思想火花。感谢克里斯托弗·莫里斯（Christopher Morris）不辞辛苦帮我完成编辑工作，此外也给了我许多有益的建议。感谢那些技术编辑、版式以及图形设计师帮助我把内容质量不太完美的书稿"点化"成了图文并茂、设计出色、行文流畅的图书。感谢网友们帮助我改进本书内容以及许多我负责整理的在线内容。感谢 Codecademy 的同事扎克（Zach）、里安（Ryan）为我这本书的许多章节提出了宝贵的意见，也帮我搞清楚了许多问题。感谢道格拉斯·洛西克夫（Douglas Rushkoff）举办了一场对话，在这场对话中大家针对"社会公众究竟应该广泛地参与到编程活动中去，还是仅仅作为计算机软件的一个用户就好"这一议题充分交换了意见，并且一起将这种信息与理念传播到中小学、大学以及非营利的团体中。感谢苏珊·基什（Susan Kish）能够在我的介绍下，以一家公司 CEO 的身份完成了在 TED Talk 上的演讲。在这场演讲中他分享了自己学习编程的经历，并且展望了编程技能在职业发展中的前景。感谢艾莉亚·沙菲尔（Alia Shafir）和约书亚·斯尼萨兹（Joshua Slusarz）帮助我整理了所有编程环节。为了帮助我，他们顶着上司的压力，加班加点，让我十分感动。感谢梅利莎·弗雷肖尔茨（Melissa Frescholtz）以及她的领导小组帮忙传播编程文化，将编程教育带到了许多地方。感谢康奈尔大学、西北大学（美国）、弗吉尼亚大学和耶鲁大学的校友们帮助我测试了本书早期版本中的一些内容，并帮我做了许多改进。感谢 Donorschoose 社区的查尔斯·贝斯特（Charles Best）、阿里·奥斯特利茨（Ali Austerlitz）、Google 在妇女儿童编程教育方面做出的不懈努力。感谢 CODE 网站让编程工作走进社会的各个角落，帮助数千万的美国以及世界各地的儿童学习编程知识。

最后，感谢莫利，她在我忙着写书期间无微不至地照顾了我的饮食起居，是我的贤内助。

前言

就像"书中自有黄金屋"这句话所形容的一样，懂得编程这件事从来没有像今天一样那么重要、有用。只是如今这句话中的"书"恐怕要改成"编程"了。计算机程序深远地改变着我们的生活。很多人甚至已经到了那种无比依赖电子设备的程度。而这些电子设备的"灵魂"又都是由形形色色的程序所构建起来的。但即便是这样，对于很多人而言编程这件事情仍然那么高高在上，难以企及。可能你参加了一场以技术为主题的会议，听着嘉宾们口若悬河、侃侃而谈，而你却如坠云雾，不知所云。可能你想为家人编写一个主页，却遇到了那些不知道该如何解决的问题，比如图片显示不出来、文本对不齐等。也可能你常常被那些冠以"HTML、CSS、JavaScript、Python、Ruby"等计算机名词的图书吓到，不知道这些奇怪的名词都是在讲述谁家的故事。

如果你是上面所列的这些人中的一分子，那么本书正是为你准备的。这本书里对那些基本的概念做了通俗易懂的解说，让你摆脱在技术会议上常常上演"徐庶进曹营"的尴尬，可以在听懂的同时也积极地参与讨论。在这本书里，我会把各位读者作为编程的初学者来对待，针对每一个概念做相对清晰的说明。这本书的读者甚至可以是那些完全不知道编程为何物的人。我不会毫无选择地在这本书里导入过多的内容。此外，我鼓励大家边学边做，一边读书，一边自己编写程序。你可以想象自己不是在编写一个网站，而是在搭建一个房子。你既可以先花 8 年的时间学习如何成为一个建筑架构师，也可以今天就着手学习如何打地基、建框架。快慢优劣大家自有体会。无论如何，这本书都将会带你开启编程之旅。

编程技能在高度信息化的今天正在变得越来越重要。业内知名作家、资深工程师道格拉斯·洛西科夫（Douglas Rushkoff）曾说过一句名言："去做程序的主人，否则做程序的奴隶。"（Program or be programmed.）当人类发明了语言和数字后，人们就学着去听和说，随后就是读和写。在这个数字化的世界里，只知道如何使用软件是不够的，也应该知道该如何设计软件。例如在过去的一个多世纪里，唱片公司决定了什么样的歌曲能够出版和发行，只有这些歌曲才能走进千家万户。然而在 2005 年，3 个程序员创立了举世闻名的 YouTube 网站，它使得每一个人都拥有了成为"歌手"的机会，任何人都可以在 YouTube 上发布歌曲。今天在 YouTube 上发布的歌曲数量甚至超过了过去一个世纪发行歌曲的总和。在 Codecademy 网站上发布的一系列示例程序是这本书的"忠诚伴侣"，每一章中提到的各种练习也是学习编程非常有效的方式。大家可以很容易地做这些练习，而不用去额外安装或下载任何软件。Codecademy 网站上提供了本书提到的示例和练习，希望这些能够与其他的项目和示例程序一道作为读者额外的练习内容，帮助读者更好地掌握编程技巧。

本书介绍

这本书适合那些没有或者只有少量编程经验的人阅读。本书用一种通俗易懂的方式向那些"外行"展示了什么是编程。这本书用平实的语言，介绍了代码是如何被运用在程序中的，一些"知名"的程序是由什么人开发出来的，这些人采用什么样的流程完成了程序的开发工作等。这本书的主题包括：

>> 解释什么是编程，并回答了一些有关编程的常见问题；

>> 使用 3 种常用的编程语言（HTML、CSS、JavaScript）编写一个简单的网站；

>> 比较几种常见的编程语言——Ruby 和 Python；

>> 使用本书所教授的知识点构建一个应用。

当你阅读本书时，请注意以下事项。

>> 你可以从头至尾阅读本书，也可以任意跳过其中的一些章节，直接从最感兴趣的部分开始阅读。当然在必要时也可以随时回去参考前面的章节。

>> 有时你会被某些意想不到的问题所阻碍。如果编写的程序不能如预想的一样运行，请不要害怕，因为有很多资源可以帮到你，如技术支持论坛、有相关经验的网友甚至是我本人。你可以使用推特（Twitter）向我发送消息与我取得联系。（使用 @Nikhilgabraham 找到我，并用 #codingFD 向我发消息。）

>> 本书中的代码都将以类似于 `<h1>Hi there!</h1>` 的字体显示。

内容"傻瓜化"

我不会先入为主地为读者的技术水平、理解能力等做过多的假设。但是我会假设各位读者具有以下特点。

» 各位读者没有编程经验。因此你们只需跟着本书的进度阅读、输入程序并根据书中的指示行事即可。我会尽量多地通过你们耳熟能详的例子和类比来介绍编程的概念。

» 假设读者的计算机上安装了最新版本的 Google Chrome 浏览器。本书中的程序示例都在最新版本的 Google Chrome 浏览器上测试和优化过。此外，本书中的所有示例也可以在最新版本的 Firefox 浏览器上运行。不推荐使用 Internet Explorer 运行本书示例。

» 读者的计算机可以访问互联网。本书中的一些示例可以在没有网络的环境下使用，但是大多数示例需要网络连接。你也可以在 Codecademy 网站上完成这些练习。

本书用到的各种图标

以下是本书中用到的图标。这些图标用来标注书中的段落，旨在引起读者的注意或者告知读者可以跳过某些段落。

TIP 图标提示某段说明很有用或者是有助于理解某一概念的简短说明。

TECHNICAL STUFF 图标进一步揭示了某个概念的细节，可能是告知性的信息也可能是逸闻趣事，但对于理解某一概念并不是必要的。

REMEMBER 图标提醒读者记住某些内容。它意味着这个概念或者流程是非常重要的，需要牢记。

WARNING 图标提醒读者留神！这个图标表示需要注意可能出现的问题或错误。

本书之外

很多在本书中没有提到的内容可以访问 Dummies 网站进行查找。Dummies 网站为大家准备了以下内容。

» 本书提到的示例源代码、一个指向 Codecademy 网站"习题"页面的链接和按照章节整理的源代码。一次性下载某一章节的源代码，并随着这一章的阅读来实际动手操作是最好的方法。

» 简易说明。在 Dummies 网站上大家可以找到一系列关于基本 HTML、CSS 和 JavaScript 常用关键字的简易说明。

可以访问 Dummies 网站，并搜索"Coding For Dummies Cheat Sheet"来查找本书相关的简易说明。

» 附加内容：Dummies 网站为大家准备了本书每一部分提到的参考内容。

» 更新：各种编程语言的代码和手册都在不停地更新换代，常常是今天能用的命令和语法，或许明天就过时了。因此，关于本书的更新、更正会随时上传到 Dummies 网站上。

接下来

好了，闲话少叙进入正题。相信自己可以在编程这条路上走得更远。现在恭喜大家，已经为编程事业迈出了第一步。

资源与支持

本书由异步社区出品，社区（https://www.epubit.com/）为您提供相关资源和后续服务。

配套资源

本书提供如下资源：

● 本书源代码。

要获得以上配套资源，请在异步社区本书页面中单击 配套资源 ，跳转到下载界面，按提示进行操作即可。

提交勘误

作者和编辑尽最大努力来确保书中内容的准确性，但难免会存在疏漏。欢迎您将发现的问题反馈给我们，帮助我们提升图书的质量。

当您发现错误时，请登录异步社区，按书名搜索，进入本书页面，单击"提交勘误"，输入勘误信息，单击"提交"按钮即可。本书的作者和编辑会对您提交的勘误进行审核，确认并接受后，您将获赠异步社区的100积分。积分可用于在异步社区兑换优惠券、样书或奖品。

扫码关注本书

扫描下方二维码，您将会在异步社区微信服务号中看到本书信息及相关的服务提示。

与我们联系

我们的联系邮箱是contact@epubit.com.cn。

如果您对本书有任何疑问或建议，请您发邮件给我们，并请在邮件标题中注明本书书名，以便我们更高效地做出反馈。

如果您有兴趣出版图书、录制教学视频，或者参与图书翻译、技术审校等工作，可以发邮件给我们；有意出版图书的作者也可以到异步社区在线投稿（直接访问www.epubit.com/selfpublish/submission即可）。

如果您所在的是学校、培训机构或企业，想批量购买本书或异步社区出版的其他图书，也可以发邮件给我们。

如果您在网上发现有针对异步社区出品图书的各种形式的盗版行为，包括对图书全部或部分内容的非授权传播，请您将怀疑有侵权行为的链接发邮件给我们。您的这一举动是对作者权益的保护，也是我们持续为您提供有价值的内容的动力之源。

关于异步社区和异步图书

"异步社区"是人民邮电出版社旗下IT专业图书社区，致力于出版精品IT技术图书和相关学习产品，为作译者提供优质出版服务。异步社区创办于2015年8月，提供大量精品IT技术图书和电子书，以及高品质技术文章和视频课程。更多详情请访问异步社区官网https://www.epubit.com。

"异步图书"是由异步社区编辑团队策划出版的精品IT专业图书的品牌，依托于人民邮电出版社近30年的计算机图书出版积累和专业编辑团队，相关图书在封面上印有异步图书的LOGO。异步图书的出版领域包括软件开发、大数据、AI、测试、前端、网络技术等。

异步社区

微信服务号

目录

第 1 部分
开启编程之旅

在这一部分，你将：

理解什么是代码，可以用代码来构建哪些应用；

浏览编程中常用的语言；

使用前端、后端编程语言编写 Web 应用；

按照程序员惯用的流程编写程序；

使用代码编写第一个程序。

第1章

什么是编程

"一百万美元很酷吗？不，十亿美元才酷。"

——肖恩·帕克（Sean Parker），出自影片《社交网络》（*The Social Network*）

报纸上每周都演绎着财富的传奇。例如某个科技公司又募集了巨额的资金，或者是被天价收购等。有时候，在报纸头条上出现的都是数以十亿美元计的天文数字，比如耳熟能详的 Instagram、WhatsApp 和 Uber 等。当看到这些时，你一定会在震惊之余感到十分好奇，特别想知道那些所谓的"代码"是如何"摇身一变"成为让无数人为之垂涎的"阿里巴巴的宝藏"。然而，大家的兴趣或者说"眼界"可能更多地与现在所从事的职业息息相关，也许你所从事的行业是一个日薄西山的夕阳产业，诸如纸媒，抑或者是一个快速变化的领域，例如市场营销。无论是想要"弃暗投明"，奔向那些新的工作岗位，还是想在现有的工作岗位上再创佳绩，理解计算机编程都能推动大家的职业进步。此外，大家也可能更多地关注自己的内心，比如说你有一个很长时间以来一直心驰神往的美好理想，梦想着用双手创造一个"神器"，它可能是一个网站或者是一个软件应用，人们可以用它来完美地解决日常生活中遇到的问题。有此想法的人当然知道阅读和编写程序将是实现梦想的第一步。无论动机是什么，这本书都将成为你编程生涯的"指路明灯"，帮助你掌握编程工作中复杂的概念和解决遇到的奇怪问题，让你用一个清晰的、可达成的方式，自己动手实现，最终掌握编程中的知识和技巧。

在这一章中，大家将会了解到什么是编程，计算机软件深刻地影响到了哪些产业，有哪些不同种类的编程语言，最后还会通过构建一个简单的 Web 程序以对编程工作有一个初步的认识。

1.1　给编程下个定义

编程不是那种只能由天才才能完成的"特异功能"。实际上，只要花上几分钟，你就可以自己写上一段程序！绝大多数程序能够完成的任务是日常生活中司空见惯的事情，从那些最习以为常的事情到那些看起来有点复杂的事情。程序控制着城市中的红绿灯、人行横道信号灯、大厦中的电梯、那些帮助手机收发数据的通信基站，以及那些飞向遥远星际的宇宙飞船。程序之间的交互也与人类的日常生活息息相关，在手机、计算机上，人们可以用这些程序来检查邮件、查看天气等。

1.1.1　按照指令动作

计算机程序是一系列的语句，就像语言中的句子一样，每个语句指示计算机完成一个动作或执行一个指令。每个动作或指令都要非常精确，甚至要求每个字母都正确。例如，在一家餐馆问服务员卫生间在哪里，他会说："向后走，中间的门就是。"对于计算机而言，这种指令太模糊了，根本无法执行。对计算机应该这样说："从这张桌子开始向东北方向走 40 步，然后向右转 90°，再走 5 步，向左转 90°，走 5 步，打开面前的门，进入卫生间。"图 1-1 展示了一款名为"Pong"的游戏程序中的一段代码。现在你可能还看不懂这段程序，不过完全没有必要担心，也不必被它吓到。你很快就能独立地阅读和编写程序了。

```
1  launchPong(function () {
2      function colour_random() {
3          var num = Math.floor(Math.random() * Math.pow(2, 24));
4          return '#' + ('00000' + num.toString(16)).substr(-6);
5      }
6
7
8      pongSettings.ball.size = 15;
9      pongSettings.ball.color = colour_random();
10     pongSettings.ball.velocity[0] = 15;
11     pongSettings.ball.velocity[1] = 15;
12
13  });
14
15
```

图1-1
游戏程序
"Pong"中
的代码片段

通常，一个粗略地衡量程序复杂度的方法是统计程序的语句数量，或者是程序的代码行数。像"Pong"游戏这样的初级应用共编写了大约 5000 行代码，而那些像 Facebook 一样的十分复杂的应用，目前的代码量已经突破 1000 万行。无论代码量多还是少，计算机都将准确地、不知疲倦地执行程序的指令。反观那些餐馆里的服务员，如果反复地问他 100 次卫生间在哪里，他将作何反应就不得而知了。

注意，只使用代码行数衡量一个程序的复杂度是不可取的。就像写一篇文章一样，100 行良好设计的代码可以完成 1000 行粗制滥造代码所完成的功能。

1.1.2 跟着"愤怒的小鸟"学编程

如果你以前从来没有写过程序，那么现在机会来了！访问 Computer Science Education Week 官网，单击标题"Tutorials for Beginners"下面带有愤怒的小鸟（Angry Birds）图标的名为"Write Your First Computer Program"的链接 [①]，如图 1-2 所示。这个教程是为那些没有计算机编程经验的人准备的，它向用户介绍了几乎所有编程语言中都会用到的基本程序块状结构。通过这个教程，用户可以理解计算机程序如何按照代码逐字逐句地、精确地指示计算机执行一系列指令。

图 1-2
通过一个以"愤怒的小鸟"为主题的教程来学习编写第一个程序

"计算机科学普及周"（Computer Science Education Week）是一个专注于提升计算机科学社会认知度的年度活动，时间是每年 12 月的某一周。美国前总统奥巴马、微软创始人比尔·盖茨、篮球运动员克里斯·波什、歌唱家夏奇拉（Shakira）等都曾经支持并鼓励美国以及全世界的人们积极参与这项活动。

---

① 现在的 csedweek 网站和作者编写这本书时相比发生了很大的变化，在翻译此书时"Tutorials for Beginners"标题已经找不到了，但是"Write Your First Computer Program"链接还在页面上。大家在页面上查找"Write Your First Computer Program"链接即可。——译者注

1.2 理解程序能做什么

程序能够用来执行那些日常生活中的常见任务，解决日常生活中的常见问题。随着科技的进步，这里所谓的"常见任务、常见问题"所涵盖的范围，也呈现出快速扩大的趋势。不仅如此，日益完善的 Web 应用、互联网无缝接入、智能手机等已经把计算机程序融入了生活中的方方面面，进一步降低了人们发明创造、解决个人或者专业问题的门槛。

1.2.1 软件正在席卷全世界

2011 年，著名浏览器 Netscape Navigator（网景导航者）的创始人、现著名风险投资人马克·安德森（Marc Andreessen）指出"软件正在席卷全世界"。他曾经预言，软件公司正在以一个惊人的速度不断瓦解那些传统公司。传统意义上的软件都运行在台式计算机或者便携式计算机上。如果想使用这些软件，需要首先在自己的计算机上安装它们，然后为之提供数据。3 个显著的趋势加速了软件在日常生活中的运用。

» **基于 Web 的应用**。这些应用运行在网页浏览器上，不需要特别的安装过程。例如，想查看电子邮件，之前需要从网上下载或者从 CD-ROM 上安装电子邮件客户端。有时候，当这个软件与系统不兼容，或者找不到用于当前系统的软件版本时就会影响使用。因此，类似于 Hotmail 这样的基于 Web 的邮件客户端应运而生，并迅速流行。一方面，它允许用户只需接入互联网并访问 Hotmail 网站即可查看邮件，无须担心软件是否安装以及软件兼容性问题；另一方面，Web 应用也让用户愿意尝试更多的应用，而这也进一步激发了软件开发人员开发更多新应用的积极性。

» **互联网宽带连接**。宽带连接在最近几年以超出过去十数年的速度向更多的人提供了更快的网络连接。十年前大概只有 5000 万人能够访问 Web 应用程序，而今天超过 20 亿人可以访问 Web 应用程序。

» **智能手机**。今天无论走到哪里，智能手机都将带来种类繁多的应用程序，并帮助收集和提供数据。许多软件程序因为能够实时地收集数据从而变得比那些局限在台式计算机上的软件更为强大。例如，得益于智能手机，地图应用迅速发展。因为当迷路的时候，智能手机的地图应用可以提供用户急需的路线信息。相反，台式计算机只能够在家里为行程做计划。

此外，很多智能手机装备了各种各样的传感器，能够向应用程序提供方向、加速度，并通过 GPS 提供位置信息。现在，已经不再需要自己向应用程序输入数据了，因为智能设备将会自动收集这些数据。例如，类似"RunKeeper"这样的运动健身应用并不需要输入开始和结束的时间来监测长跑过程。用户只需在开始运动时按下开始键，智能手机就会自动收集跑动的距离、速度和时间。

这些趋势共同孕育了一个又一个优秀的软件公司，在各行各业掀起了一次又一次的革命，颠覆了那些在自己领域中存在多年的传统公司，尤其是那些不接纳新技术的公司。以下是几个著名的例子。

» Airbnb：这是一个端到端的客房预订服务公司。它没有一个房间，但是却比世界上最大的酒店连锁 Hilton、Intercontinental 等完成了更多的房间预订业务（见图 1-3）。

» Uber：这是一个汽车运输公司。它没有一辆汽车也没有一个司机，但是却在全球最大的 200 余个城市中完成了比任何一家汽车或出租车服务公司更多的出行业务。

» Groupon：这是一家主营团购的公司。经过两年的运营，共促成了 10 亿美元的交易，成长速度超过历史上任何一家公司，更是远超那些传统的市场营销公司。

图 1-3
Airbnb 在 3 年半的时间内共完成了 500 万间客房预订业务，并在此后的半年再次完成了 500 万间客房的预订

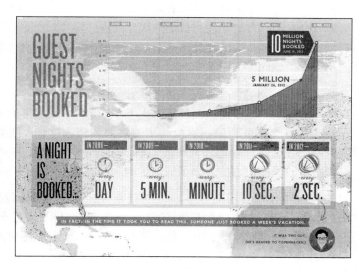

1.2.2 工作中的编程

在日常工作中，编程也是十分有用的。在计算机领域外，编程也被那些金融交易员、经济学家、科学家等广泛使用。不过，对计算机领域外的大部分人员，编程只是正在逐步渗透到他们的日常工作中，并逐渐地提高其在各自业务领域中的运用。以下是几个编程占相对重要地位的领域。

>> **广告**。广告公司的资金投向已经从纸媒、电视转移到了数字化广告宣传上。搜索引擎广告、依赖关键词的搜索结果排序会把客户导向不同的网站。具有编程知识的广告人将会知道竞争对手都使用了什么样的关键词来吸引客户，从而可以通过这些信息来制定更加有效的宣传策略。

>> **市场推广**。当促销新产品时，定制化的客户沟通是一种有效的策略，将会带来更好的销售业绩。那些懂得基本编程的市场营销人员可以查询客户数据库，根据客户姓名以及客户喜好来推广量身定制的产品，从而更有针对性地与客户沟通。

>> **销售**。销售通常都是从客户的管理层开始。懂得编程的销售人员可以从网页、地址簿中查找到那些客户的信息，并通过排序和评估等手段筛选出那些最有可能帮助他们实现营销目标的人。通常把通过复制网页信息、查找地址簿数据来获取信息的方式称为"爬取数据"（scraping）。

>> **设计**。当完成一个网页设计或者其他设计时，设计师需要说服其他设计师或者开发团队帮忙才能将他们的设计实现。那些懂得编程的设计师会更加容易地实现他们的设计，并且他们会提出原型版本让人们试用，从而更加有效地向别人推荐自己的设计。

>> **公关**。大部分公司会非常关注客户或者公众对某一声明或者某一新闻的反应。例如，一个公司的明星代言人不小心出现了一些不恰当的言论或不恰当的行为，那么公司需要结束与这位代言人的合作吗？那些懂得编程的公关人员可以通过查询诸如 Facebook、Twitter 之类的社交媒体，分析数以万计的留言信息来了解市场的反应。

>> **运营**。通过分析公司的成本，可以获得额外的利润。那些懂得编程的运营人员可以编写程序来尝试不同的打包方法、装车过程、快递路线等，最终得出更加高效、更低成本的运营方案来为公司提升利润。

1.2.3　直击痛点（不要急功近利）

使用别人的代码并在工作中加以改造会促使大家思考：我曾经遇到过什么样的问题，如果自己做的话将如何实现？大家可能有自己心目中的那个更理想的社交网站，一个更好的运动健身应用，或者一个全新的东西。将想法付诸实现并被人使用不是一个简单的事情，它意味着大量的时间和工作量。但是可能比你认为的更容易实现。以 Coffitivity 网站为例，这个网站旨在提高工作效率。为了达到这个网站所"标榜"的提高工作效率，该网站的手段居然是不停地向用户播放咖啡店中的声音，使用户仿佛置身在一个嘈杂的咖啡店中。这个网站是两个人创建的，而他们在几个月前刚学会编程。在 Coffitivity 网站上线后，时代杂志将它誉为 2013 年 50 大杰出网站之一，并且《华尔街日报》也报道了他们。尽管并不是所有的初创公司或者应用都能够得到如此多的媒体关注，但是当一个方案确实能够解决问题的时候，相信它距离"出名"也不远了。

如果想学习编程，那么设定一个诸如"构建一个网站或者应用"的目标将会是最好的方法之一。当遇到一个难以解决的问题或者难以理解的概念时，"使我的网站上线让大家使用"这个目标将会激励自己坚持下去。当然，要记住，不要把"发大财""出名"作为学习编程的目标，因为最终网站是否能够成功往往取决于个人难以掌控的因素。

可以阅读文章"How to Manufacture Desire"来了解如何使一个网站或应用被人喜欢。产品通常是由公司生产的，阅读文章"Elements of Enduring Companies"来了解一个经久不衰的公司的所有特质。这些文章都是基于对那些红杉资本资助的著名公司的访问整理出来的。红杉资本是当今世界上最成功的风险投资公司之一，早年投资了苹果、Google 以及 PayPal 等公司。

1.3　编程语言种类之初探

那些形形色色、不同种类的用于编写程序的代码称为"编程语言"。图 1-4 展示了几种流行的编程语言。

可以简单地认为编程语言与自然语言类似，因为它们的一些特征非常相似，如下所示。

>> **语言的功能**。编程语言能够完成与自然语言类似的功能。当然需要基于一个假设：这些不同的自然语言都在表达相同的对象、含义相同的短语、相同的情感。

» **语法和结构**。不同编程语言中的命令可以重复，就像自然语言中的单词可以重复一样。例如，想要使用 Python 或 Ruby 在屏幕上输出一行字都可以使用 print 命令，就像法语 imprimier 和西班牙语 imprimir 都是打印的意思一样。

» **自然生命周期**。当一个程序员发现一种表达计算概念更好的方式时，一种新的编程语言就诞生了。如果其他程序员同意他的看法并在自己的编程任务中采用了这种新的编程语言，那么这种编程语言就会传播开来，并获得了生命。但是，如果像 Latin 或者 Aramatic 那样在诞生之初就备受冷落、无人问津或者生不逢时，同时还出现了一种更好的编程语言，那么这样的编程语言就会因为缺少应用而逐渐消亡。

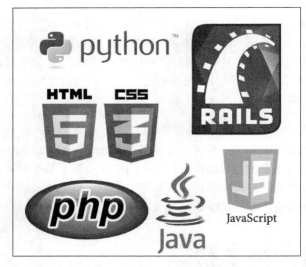

图1-4
几种流行的编
程语言

尽管有这么多相似性，编程语言和自然语言也有很多不同点，如下所示。

» **可以有唯一的创造者**。与自然语言不同，编程语言可以由一个人在很短的时间内创建，有时只用几天的时间。那些只有一个创造者的编程语言有 JavaScript（Brendan Eich）、Python（Guido Van Rossum）、Ruby（Yukihiro Mtsumoto）等。

» **使用英语**。与自然语言不同（当然除了英语之外），几乎所有的编程语言使用英语来编写。无论是 HTML、JavaScript、Python 还是 Ruby 程序，它们都使用英语来编写。无论是巴西、法国还是中国的程序开发人员，他们都在程序中使用相同的英语关键字和语法。当然也有一些非英语（使用印地语或者是阿拉伯语）的编程语言存在，但是这些编程语言都没有得到广泛的流行，也没有成为编程领域的主流。

1.3.1　低级编程语言和高级编程语言

区分编程语言的一个方法是将其分为低级语言和高级语言。低级语言直接与计算机处理器或者 CPU 交互，能够执行非常基础的指令，通常来讲可读性差。机器指令码作为低级语言的一种，在程序中只包括两个数字：0 和 1。图 1-5 展示了机器指令码的片段。汇编语言是另一种低级语言，它使用一些关键字来执行基本的命令，诸如读数据、移动数据、保存数据等。

```
011010100110101000101101100100101100101010100101010101
011110001010111000110111011100101010101010011010101000
010010001001001011010100010100101110001100101010100110
001101010111010110110100100100010011010101010100000101
010110100110010101101010101001010010101010101010101010
101111000101011100010110110111000101001010100110101010
001010100010010010010101001010111000110010101001010011
010101010111101011011111010100010001010110100000100010
001101010100110101010100101100010100101001010010101010
101111000101011100010110111000101010101001010010101011
010111010101010001101010101101101010100100100110101010
000100100100001001001010100101101011000101010010010011
001101010101101101010101100010101010011100010101010010
010111010100101010010100101101011000101010010010010011
000111010010001000100101111010101001010101100100010010
001101010010010101101011010100101010101001010010101010
011110001010111000101101111000101010100101010010101010
001010100101010101010001000101010001101010010010101011
000101010101111010110110100100101001001010010000010010
000101001011010111010101001010001101011000101001010010
101111000101011100010101001001001010101100101010101010
```

图1-5
只包括0和1的
机器指令码

与之相反，高级语言大多借鉴自然语言，因此它们更加便于阅读和编写。使用 C++、Python 或 Ruby 编写的代码会由解释器或编译器翻译成机器可以理解的低级语言供机器执行。

1.3.2　解释型语言和编译型语言

高级语言依据不同的种类必须使用解释器或者编译器将其翻译成低级语言以供机器执行。编译型语言的速度通常比解释型语言更快，而解释型语言一般比编译型语言具有更好的可移植性。然而，因为处理器性能的不断提升，解释型语言和编译型语言的性能差别变得越来越小，因此编译型语言的性能优势为其带来的重要地位也在逐渐动摇。高级语言中的 JavaScript、Python、Ruby 等都是解释型语言。

解释器直接执行这些语言，将每一行语句一次性地翻译成机器码。高级语言中的C++、COBOL 和 Visual Basic 等是编译型语言。当使用这些语言完成编写后，编译器将代码翻译成机器码并创建一个可执行文件。此后这个可执行文件将会通过互联网、CD-ROM 或者其他媒介进行分发和运行。在计算机上安装的 Microsoft Windows 或者 Mac OS X 通常都是由 C 或者 C++ 这样的编译型语言编写的。

1.3.3　Web编程

易于访问的网站正在逐步取代安装程序的地位。回想一下你上次是什么时候下载并安装软件的？我想大家可能都不记得了！诸如 Windows Media Player 和 Winamp 这样的播放音乐和电影的软件已经被诸如 YouTube 和 Netflix 一样的网站代替了（译者注：在中国则主要是被视频网站或 App 代替）。传统的文字编辑器和电子表格软件如 Microsoft Word 和 Excel 也逐渐地开始受到了类似 Google Docs 和 Sheets 的挑战。Google 甚至正在销售一款名为 Chromebook 的便携式计算机，其中没有安装任何程序，完全依赖 Web 应用所提供的功能。本书的其余部分将会聚焦在开发和创建 Web 软件上，并不只是因为 Web 软件发展迅速，而是因为 Web 应用比传统的安装软件更加易学、易用。

1.4　用代码构建一个Web应用

谈了这么多编程方面的话题，接下来让大家真正地了解一下如何使用代码构建一个 Web 应用程序。Yelp 是一个点评网站，用户可以通过搜索来查看那些对本地餐馆、酒吧、购物中心的点评信息。如图 1-6 所示，Yelp 并不是一开始就像现在一样漂亮，但是这些年它的功能、定位基本没变。

图1-6
2004年和
2014年的
Yelp网站外观

1.4.1　定义应用的功能目标和功能范围

一旦明确了一个应用程序的功能目标，就可以梳理出几个特定的用户行为。这些用户行为中的每一个都是这个应用程序的功能目标的一部分。把页面的设计放在一边，先来看一看网站的功能。Yelp 网站总是引导客户进行以下操作。

>> 基于聚会的类型和地点搜索，得出搜索列表。

>> 基于搜索列表，浏览其地址、营业时间、评价信息、图片以及在地图上的相关信息。

一个成功的 Web 应用通常只允许用户完成数量不多的几个关键功能。向一个 Web 应用中添加过多的功能通常被称为"范围蔓延"（scope creep），它将弱化那些已有的关键功能，因而，这种做法被绝大多数开发人员所摒弃。仍然以 Yelp 为例，它有超过 30 000 条餐馆的评价记录，但是直到成立 10 年后 Yelp 才允许用户在网站上直接预定餐馆的座位。因此无论使用还是构建一个 Web 应用，都要有一个清晰的功能目标。

1.4.2　站在巨人的肩膀上

开发者应该首先针对 App 的功能开发策略做出规划。哪些部分应该自行开发，哪些部分应该集成其他人的模块，这些应该尽早做出选择。开发者经常会针对那些非核心的功能或非卖点的功能寻求第三方来提供现成的模块或组件。这样做的话，App 将会以其他人的成果为起点，并从那些已经实现的功能和已经解决的问题中受益。

同样，以 Yelp 为例，它显示在地图上列出的每一个场所和它的评价信息。Yelp 只是收集那些评价信息并编写程序来显示基本的列表数据。如图 1-7 所示，Google 开发了那个嵌入 Yelp 网站的地图。通过使用 Google 的地图服务（而不是自己从头开发），Yelp 在一开始只用了很小规模的工程师团队就完成了初版的开发，否则其团队的人数和工作量将超出想象。

图1-7
在Yelp网站中
用到的Google
地图服务

第2章

编写Web应用程序

在大学宿舍能干什么呢？搭建一个百万用户使用的网站怎么样？

这太疯狂了。

——马克·扎克伯格（Mark Zuckerberg）

如今，使用 Web 编程构建的特色网站以无与伦比的速度吸引着世人的关注。自 2004 年 Facebook 问世起的 4 年时间，它就已经集聚了 1 亿用户。到 2012 年，Facebook 的用户数量就暴涨到了 10 亿。相比之下，PC 软件如果想要积累 100 万用户，往往需要数年的时间。智能手机的出现更加速了 Web 应用聚集人气的速度。目前桌面计算机（包括台式计算机和便携式计算机）的全球年销量大概在 3 亿台左右，而智能手机却以每年销售 20 亿部的速度迅速改变着人们的生活方式，并且这个数字还在逐年稳步增长。

在这一章里，大家将会看到一个网站在计算机上以及智能手机上是如何显示的。我将介绍用于编写网站的常用编程语言，并讲解如何编写面向移动设备的应用程序。

2.1 在桌面计算机和智能手机上显示Web页面

在桌面计算机和移动设备上，Web 页面是由浏览器负责显示的。最为流行的浏览器有 Google Chrome、Mozilla Firefox（前身是 Netscape Navigator）、微软的 Internet Explorer 和苹果的 Safari。直到现在大家恐怕还是一个"听话"的用户，每天只知道按照网站所设计的那样通过移动和单击鼠标来使用网站提供的各项功能。接下来，我将剥去网站的"神秘面纱"，让你了解网站构建和运行的内在原理和机制。

2.1.1 "破解"你最喜欢的网站

你最喜欢哪个网站？通过以下步骤，你可以看到那些用于构建网站的源代码，甚至还可以去修改它。（即便按照我说的去做也不会违规，所以不必担心。）

假设你使用的是 Google Chrome 浏览器，那么可以使用以下方法查看任何网站的源代码。请在 Google 的官方网站上安装 Chrome 浏览器的最新版本。

"破解"你最喜欢的网站的方法如下。

（1）使用 Chrome 浏览器打开你最喜欢的网站（这里将以 Huffington Post 网站为例）。

（2）将鼠标指针指向任意静态标题，并单击右键，在右键菜单中的"Inspect element"项目上单击左键，如图 2-1 所示。

图2-1
单击鼠标右键
并在菜单上选
择"Inspect
element"

TIP

如果使用苹果计算机，你可以通过按住键盘上的"Control"键并用鼠标单击的方式完成所谓的"右键"操作。

开发者工具栏将出现在浏览器的底部（编者注：新版本已移至右侧）。这里将显示实现当前页面的源代码。高亮显示的代码片段就是最开始鼠标所指向的标题部分，如图 2-2 所示。

图2-2
高亮显示的部分是用来实现页面标题的代码片段

注意高亮代码的左侧边缘，可以找到一个向右的箭头，单击鼠标将展开显示完整的源代码。

（3）仔细在高亮显示的代码片段中查找标题中显示的文字，找到后双击这段文字，之后就可以编辑这段文字了，如图 2-3 所示。

注意不要点到以"http"开头的内容，那是标题栏的链接。单击标题栏链接将会打开一个新的浏览器窗口或者在当前窗口中打开一个页面卡并加载这个链接。

（4）在标题栏插入内容后按回车键。

这时插入的内容将会出现在标题栏上，如图 2-4 所示。是不是很有趣？

TIP

如果按照上述步骤成功地修改了网站的标题栏，即可进行下一步操作。刷新一下页面，原来的标题栏将会再次出现。为什么呢？不是已经修改成功了吗？为什么刚才编辑的内容会消失呢？

图2-3
在标题文字上
双击鼠标左键
进行文字编辑

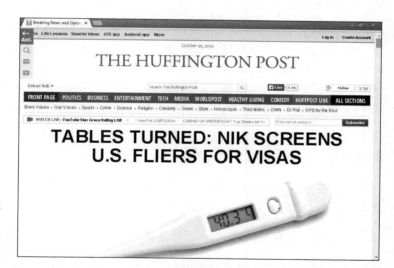

图2-4
成功改写了
页面上的标
题栏

为了回答这个问题，首先需要理解网页是如何被传递到计算机中的。

2.1.2　理解www网站是如何工作的

当我们在浏览器中输入一个网址，在页面被加载之前，计算机悄悄地执行了以下几个动作，如图 2-5 所示。

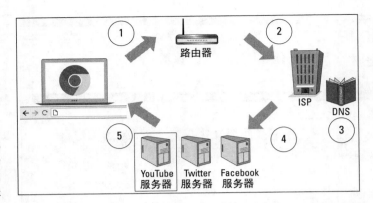

图2-5
将一个网页传
递到浏览器的
过程

（1）计算机向路由器发送"获得页面"这个请求。路由器负责分发家庭网络或公司网络中的各种互联网访问请求。

（2）路由器将网络访问请求发送给互联网服务商（ISP）。在美国，常见的 ISP 包括 Comcast、Time Warner、AT&T 以及 Verizon。

（3）ISP 将访问请求中的域名部分转换成一个数字表示的地址，它被称为 IP 地址。IP 地址是一个点分格式的数字串（如 192.168.1.1）。就像家庭住址、公司地址一样，这个数字表示的 IP 地址是唯一的，每个计算机都有一个。ISP 有一个类似于电话本的"数字地址对照簿"，它被称为域名服务器。域名服务器是用来将字母型的地址转换成 IP 地址的特殊计算机。

（4）当找到了特定的 IP 地址后，ISP 知道应该向谁转发访问请求了，此时计算机的 IP 地址也包含在这个访问请求中。

（5）网站服务器收到访问请求后，将向计算机发送一个网页源代码的副本，以便在浏览器中显示。

（6）浏览器收到网页源代码副本后将其显示在屏幕上。

当在浏览器的开发者工具栏中编辑网页标题栏内容时，编辑的只是网站服务器发出来的、保存在各自计算机中的网页代码副本，因此只有修改人能看到效果。当再次刷新页面时，计算机将会再次执行上述的步骤，此时计算机将会从网站服务器重新下载一份页面代码副本，这份新的副本将会替换此前保存在计算机中的内容，因此此前的修改也被覆盖掉了。

大家可能听说过一个名叫"Ad Blocker"的软件工具。这个工具就像之前修改标题栏一样，通过修改本地的网页副本来删除网页中所包含的广告。因为网站通常都是靠广告来支付其各种运营费用的，因此"Ad Blocker"工具的出现引起了不少争议。如果像"Ad Blocker"这样的工具越来越流行,那么网站将会失去广告所带来的收入,最终那些大大小小的网站会不会将其运营成本转嫁到普通的网站用户身上也未可知。

2.1.3 前台与后台

现在大家已经了解了浏览器是如何访问网站的,接下来就更深入地了解一下网站是如何运作的吧。如图 2-6 所示,根据代码的功能,用于网站编写以及一般用途的代码通常分成 4 部分。

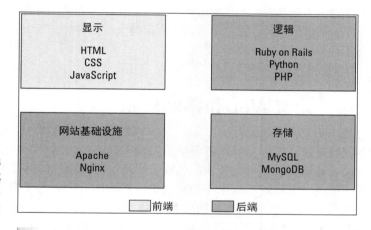

图2-6
每个网站都
由这4个部分
构成

» **显示**。网站的可视化部分,包括内容的布局、风格(如字体大小、字体类型、图片尺寸等)。我们通常将其归类为前端部分,由 HTML、CSS、JavaScript 负责实现。

» **逻辑**。逻辑部分负责确定什么时候显示什么内容。例如,一个住在纽约的用户访问一个新闻网站时将显示纽约相关的内容,如纽约天气这样定制化的内容等。而一个芝加哥的用户访问相同的网站将相应地显示芝加哥相关的内容等。这部分归类为后端,通常由 Ruby、Python 和 PHP 等编程语言负责实现。这些后端语言负责动态地修改那些用于显示的程序内容(HTML、CSS 和 JavaScript)。

» **存储**。负责保存网站和用户产生的所有数据。用户产生的内容、偏好数据、个人信息必须进行妥善的保存以备后续提取。这部分通常归类为后端,由常见的数据库软件 MySQL、MongoDB 负责实现。

» **网站基础设施**。负责将数据从服务器传递给用户的计算机。当基础设施正确配置后，这些所谓的基础设施将会变得"透明"，一般用户感受不到它的存在。但是在一些诸如由重大活动、超级赛事、自然灾害导致的网络拥塞等情况出现时，用户将会看到它发出的消息。

通常，网站开发程序员会比较精通上述的一两个方面。例如，一个有经验的工程师可能比较了解前端和逻辑语言，或者对数据库比较熟悉。当然，一个网站开发工程师也不是万能的，他们可能只对上述领域比较熟悉，脱离了这些领域，我想也只能从头学起了。就像一个脍炙人口的喜剧作家 Jerry Seinfeld 可以写出娱乐一代人的经典作品，而他的爱情小说却毫无乐趣。

对网站构建的所有方面都了解的"全才"工程师少之又少，这些"全才"工程师被称为全栈工程师。通常小公司才会招聘全栈工程师，而大公司则需要对某一个方面非常深入的领域专家。

2.1.4　定义Web和移动应用

Web 应用是指通过浏览器或者移动设备访问的网站的总称。网站通常都会针对移动设备进行优化，为智能手机或者平板电脑优化过的网站叫作移动 Web 应用。但是，本地移动应用不能通过浏览器访问。它们通常都是经过特殊设计的应用，大家可以在流行的应用市场如苹果的 App Store 或者 Google 的 Google Play 下载适合各自移动设备的应用程序。移动设备在近几年史无前例地在保有量、销量上超过了桌面计算机。最近，移动计算领域出现了以下 2 个显著的趋势。

» 2014 年，全球范围内拥有移动设备的人数超过了拥有桌面计算机的人数。并且二者的差距呈现出不断增大的趋势，如图 2-7 所示。

» 移动设备用户平均花费 80% 的时间使用移动应用，只有 20% 的时间用于使用浏览器访问移动网站。

因为在过去的十几年里，移动设备的增长速度之快达到了让人瞠目结舌的地步，所以很多公司将面向移动设备的应用程序开发与设计列为头号大事，移动应用的风头远远超过了具有相同功能的桌面版本。两个著名的例子 WhatsApp 和 Instagram 就是这样，它们首先开发了面向智能设备的移动应用，并不断地为其增加新功能，此后它们的桌面版本才姗姗来迟。

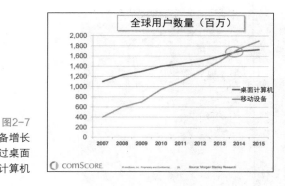

图2-7
移动设备增长
速度超过桌面
计算机

2.2　编写Web应用

Web 应用的开发难度比移动应用的低，它完全不需要或者只需要针对开发和测试做一点点额外的工作就可以同时在移动设备、桌面计算机上运行。虽然移动应用可以完成很多一般 Web 应用所擅长的任务，诸如收发邮件等，但是一些任务使用 Web 应用更加简便、易用。比如，预约行程这件事使用 Web 应用来处理更合适。因为它包括了很多必要的步骤，如查询航班、酒店、租车信息、查看日历、输入大量的个人信息、支付信息、完成支付等，这些步骤最好是在桌面计算机上使用多窗口的方式完成。

正如我将要在接下来的章节中介绍的那样，用来编写 Web 应用的编程语言包括 HTML（Hypertext Markup Language，超文本标记语言）、CSS（Cascading Style Sheets，层叠样式表）、JavaScript。此外，还可以通过使用 Python、Ruby 以及 PHP 等编程语言来为网站添加更多丰富多彩的功能。

2.2.1　从HTML、CSS和JavaScript入手

如图 2-8 所示，一个简单的网站就是用 HTML、CSS 和 JavaScript 编写的。HTML 用来把文字显示在页面上，CSS 用来调整文字的风格，JavaScript 用来实现交互式操作。在这个页面中，交互式的操作包括一个用来在 Twitter 和 Facebook 上分享内容的按钮，按下这个按钮将会更新这个内容被分享的总次数，既包括自己分享的次数，也包括其他人分享的次数。通常，一个网站如果只显示这些静态的、不变的内容，那么这 3 种编程语言就足以很完美地完成任务了。大家将在后续章节中学到这 3 种语言的更多内容。

图2-8
使用HTML、CSS
和JavaScript
编写的Linda
Liukas网站

2.2.2　使用Ruby、Python和PHP编写网站逻辑

那些包含诸如用户账号、上传文件、电子商务等高级功能的网站，通常需要使用专门的编程语言完成任务。虽然 Python、Ruby 和 PHP 并不是完成这些任务的唯一选择，但它们却是最为流行的选择之一。这里所谓的"流行"意味着：有大量用户正在使用这些编程语言，他们在为数众多的在线社区里贡献自己原创的、具有特定功能的代码，并不断地发起针对某些特定问题的讨论，而且总是有人为这些问题提供解答。这一切都将成为大家完成任务、解决问题的宝贵资源，帮助大家顺利地、愉快地学到知识并达成工作目标。

这几种编程语言都有非常流行的、文档详尽的、功能完善的"程序架构"。所谓"程序架构"是指由一系列具有特定功能的模块构成、帮助开发者快速构建、测试网站的程序集合。通常这些程序框架都内置了诸如用户账号、认证等功能，开发者可以非常方便地加以利用，省时省力。大家也可以将程序框架与使用文字处理器（如 Word）编写的模板做类比，可以根据不同的用途（比如设计个人简历、贺卡、挂历等）选择不同的模板，快速完成任务。这样做的另一个好处是利于保持一致性，也就是说无论内容是什么，大体格式是一致的。反之，如果不使用模板，就无法享受到这些便利条件了。目前，这些编程语言所支持的流行网站框架具体如下。

» Python：Django、Flask。

» Ruby：Rails、Sinatra。

» PHP：Zend、Laravel。

2.3 编写移动应用

移动应用是当前的一个热门话题。一方面是因为诸如 WhatsApp、Instagram 这样的优秀移动应用在资本市场上备受追捧，还因为那些诸如 Rovio（*Angry Birds* 的开发商）、King Digital（*CandyCrush* 的开发商）等在市场上风生水起，每年都赚个盆满钵满。

编写移动应用程序，开发者可以有以下选择。

» 以移动 Web 应用程序的形式开发，使用 HTML、CSS 和 JavaScript。

» 以本地应用的形式开发，使用特定的编程语言实现。例如，苹果生产的移动设备通常要求使用 Objective-C 或 Swift，安卓设备要求使用 Java。

在这两种选项中做抉择看似简单，却也在实际操作中存在一些问题。

» 移动 Web 应用开发商意识到自己的产品必须在不同的浏览器、不同的屏幕尺寸、甚至不同品牌的产品（如苹果、RIM、微软、三星等）之间广泛兼容。这种兼容将会导致成百上千种组合，这也大大地提高了上线前测试、兼容性调整的难度。而本地移动应用通常运行在一个特定的平台上，不需要考虑这么多种情况。

» 尽管本地移动应用可以运行在一类平台上，但是通常它们都远比移动 Web 应用更复杂，需要花费更长的时间、更多的人力、更大的成本来完成开发。

» 一些开发者提出移动 Web 应用有很多性能问题，通常比本地移动应用启动得更慢。

» 如前面所述，现在用户普遍更倾向于使用本地移动应用。

» 本地移动应用因为需要发布在特定的应用商店中，通常都需要获得应用商店官方的批准方可上线。而因为移动 Web 应用是从浏览器上访问，所以无须这些特定的手续。例如，苹果的应用商店有严格的审批程序，通常一个应用想要在苹果的应用商店中上线，需要不超过 6 天的审批时间，而 Google 的应用商店的上线审批流程就要宽松得多，顺利的话 2 个小时就能完成全部审批。

一个著名的被苹果应用商店"拒载"的案例是，苹果因为 Google 开发的 Google Voice 应用与其手机预搭载的某个功能存在重复，所以驳回了 Google 的上线申请。作为应对，Google 开发了一个基于浏览器的移动 Web 应用，允许用户通过浏览器使用这个功能，这样苹果就无能为力了。

如果你需要在移动 Web 应用和本地移动应用之间做选择，那么需要考虑目标应用的功能复杂度。如果你想做一个像日程表、菜单一样简单的应用，那么可以使用移动 Web 应用的形式。因为这样做可以在花费很少成本的前提下完成开发工作。相反，如果需要开发的是那些诸如即时消息、网上社区这样的功能复杂度高、用户众多的应用，那么本地移动应用的形式可能会更好。但事情也没这么简单直接，往往那些老牌的科技公司也会在这个问题上反复纠结。最开始 Facebook 和 LinkedIn 的产品都以移动 Web 应用的形式出现，但是后来他们不约而同地都将产品的重心转到了本地移动应用上。很多公司都认为本地移动应用可以天然地提供更快的性能、更好的内存管理、更强大的开发者工具，这些使他们最终成为了本地移动应用的"铁杆粉丝"。

2.3.1　开发移动Web应用

虽然任何网站都可以使用移动设备上的浏览器来访问，但是那些没有专门为移动设备优化过的网站通常看起来都比较难看。它们的页面字体尺寸、图片分辨率都会为了适应移动设备的屏幕而被强行缩小，如图 2-9 所示。相反，专门为移动设备优化过的网站通常都会选择那些易于阅读的字体、适合移动设备屏幕显示的图片尺寸，并且一般都会以纵向平铺的方式组织它的内容。

图2-9
左：未经为移动设备优化的星巴克网站。
右：为移动设备优化过的星巴克网站

可以通过使用 HTML、CSS 和 JavaScript 来完成移动 Web 应用的开发工作。CSS 根据屏幕的尺寸控制网站页面的外观。那些搭载小屏幕的智能手机，通常都会被 CSS 指定一种纵向平铺的布局，而那些搭载较宽屏幕的平板电脑将会被 CSS 指定为另一种横向平铺的布局。因为这些移动 Web 应用是通过浏览器访问的，而不是被安装在用户的设备中，所以它们的服务器不能向用户的设备推送消息，这些移动 Web 应用不能在浏览器退出时仍然保持后台执行的状态，也不可以与其他的应用通信。

虽然可以选择使用 HTML、CSS 和 JavaScript 从头开发一个移动 Web 应用程序，但是移动 Web 框架将为你提供很多现成的程序模块，就像本书此前提到的那些编程语言常见程序框架一样。这些移动 Web 框架包括一系列常用的功能模块，开发者可以灵活地使用它们来快速完成网站的构建、测试和推广上线。Twitter 开发的 Bootstrap 就是其中一个优秀的代表，我将在第 8 章重点介绍它。

2.3.2　构建本地移动应用

本地移动应用可以更快、更稳健，并且看起来比移动 Web 应用更加漂亮。人们在安卓设备上使用 Java、在苹果设备上（iOS 平台）使用 Objective-C 或者 Swift 来开发本地移动应用。这些开发完成的移动应用必须首先上传到相应的应用商店，并等待审批。应用商店的好处之一是它集中了所有应用程序的发布渠道，这样任何一个在某方面有"特长"的优秀应用都将获得更大的下载量，将更加有利于推广。此外，因为本地移动应用是被安装在移动设备中的，所以它们可以在没有网络连接的场所中使用。最为重要的是，用户更加青睐本地移动应用，这个趋势还在持续，未来将会有更多的用户使用本地移动应用。因为本地移动应用可以在后台不间断地运行，因此可以支持一些诸如推送消息、与其他应用通信等功能，而这些功能是移动 Web 应用的先天短板。

此外，本地移动应用可以更好地支持图形操作，因此在开发游戏应用方面具有先天的优势。我们还要清醒地认识到，虽然本地移动应用可以提供更好的性能、支持更多的功能，但是也需要更长的开发时间、更多的人力物力来完成开发工作。

还有一种折中的方案可用于开发本地移动应用：混合方案。也就是使用一个名为"封装层"的组件包装由 HTML、CSS 和 JavaScript 编写的页面代码，并在一个本地移动应用构成的"容器"中运行它。最常见的"封装层"是一个名为 PhoneGap 的产品，它支持 JavaScript 语言，允许通过 JavaScript 程序访问设备层的各项功能，而这些设备层功能在移动 Web 应用中是无法使用的。一旦一个版本的本地移动应用"容器"开发完成，这个所谓的本地移动应用"容器"就可以同时在 9 种不同的平台（Apple、Android、Blackberry、Windows Phone 等）上正常使用。使用这种"混合方案"的好处是，可以用最小的代价（只开发一个版本的程序）实现最大的效益（在很多个流行平台上无缝使用）。

设想一下，假如你懂得如何弹钢琴，但你也想学习拉小提琴。实现这个目标的一个方法是买一个小提琴然后从头学起。另一个取巧的方法是买一个具有声音合成功能的电子琴，将它的输出方式设定为小提琴，然后像弹钢琴一样在这个电子琴上演奏，此时大家听到的却是小提琴的声音。这正是所谓"混合方案"的一个生动类比。在这个例子中，HTML、CSS 和 JavaScript 扮演着钢琴的角色，本地 iOS 应用扮演着小提琴的角色，像 PhoneGap 一样的"封装层"则扮演着具有声音合成功能的电子琴的角色。就像可以将电子琴的输出方式设定为小提琴、吉他、大提琴等，PhoneGap 也可以创建支持 Apple、Android 和其他平台的本地移动应用。

其他的常用编程语言（C、Java 等）

大家也许想知道为什么存在这么多种编程语言，这些编程语言都是用来做什么的。通常来讲，当开发者发现一些特定的需求无法被当前的编程语言所满足的时候，就会创造一种新的编程语言。例如，苹果为了让开发 iPhone、iPad 应用变得更加容易，推出了一种名为 Swift 编程语言，用来替换此前广泛应用的 Objective-C 语言。编程语言与英语、拉丁语等自然语言很相似。如果开发者都使用一种新的编程语言来完成自己的工作任务，那么它就会兴旺发达。在过去的 6 个世纪中，因为越来越多的人学习英语并在日常生活中使用英语进行交流，所以英语这门语言自然就会在全世界范围内流行起来，并成为当今世界上最流行的语言之一。相反，那些不被开发者认同和采纳的编程语言，其命运就将如同拉丁语一样逐渐消亡。

大家可能听说过 C++、Java 和 FORTRAN 语言。这些语言在今天仍然存在，并且它们的应用领域超出大家的想象。C++ 常常应用在那些对性能高度敏感的领域。比如 C++ 常常被用来编写诸如 Chrome、Firefox、Safari 等 Web 浏览器。此外，C++ 还被用来编写诸如 *Call of Duty*、*Counter Strike*

这样的游戏程序。Java 通常被用来编写大型的商业软件以及用于在 Android 平台上开发本地移动应用。最后，虽然 FORTRAN 语言现在已经不像过去一样流行了，但是它仍然在一些科学领域中顽强地生存着，因为它对金融领域中常用的计算具有良好的支持，所以当今世界上一些大型的银行还在使用 FORTRAN 语言作为内部的开发工具。

正因为人们不断追求更快、更好的编程方式，编程语言这一领域才会不断地推陈出新，使得编程这一特殊的劳动形式充满魅力与活力。

第3章

成为一个程序员

开始的方法是少说多做。

——华特·迪士尼（Walt Disney）

编程是一种任何人都能学会的知识。无论是一个只是想学习编程的学生，还是一个想丰富个人能力以期待找份好工作的职场人士，抑或是想学习更多的技能以提高工作业绩的"圈里人"。无论你是哪种情况，最好的学习方法是：

> **»** 针对你想要做的事情设定一个目标；
>
> **»** 实实在在地着手去做。

在这一章里，你将了解到每一个程序员在编程工作中应该遵循的一般流程，以及开发一个程序（现在一般流行说"应用"）的过程中各种不同的角色。你也会知道那些无论处于在线还是离线状态都可以帮你顺利工作的强大工具。

3.1 "没有规矩不成方圆"，学会按照流程工作

编程工作就像画画、做家具、做饭，很多时候光看结果是不知道制作过程的。然而，所有程序的开发和设计都"有迹可循"。目前业界常用的2个开发流程如下。

> **»** 瀑布式开发流程：一个顺序式的开发流程。

>> 敏捷式开发流程：一个迭代式的开发流程，如图3-1所示。

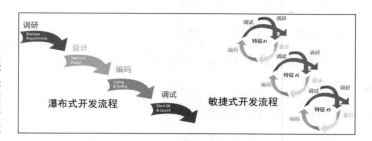

图3-1
瀑布式和敏捷
式开发流程是
目前业界常用
的两种软件开
发流程

先以一个具体的场景来解释这两种不同的开发过程。假设想要开发一款包含以下功能的餐厅管理应用。

>> 显示餐厅相关的信息，诸如营业时间和菜单。

>> 允许用户预订座位、取消预订。

如果使用瀑布开发模型，应该预先定义这个应用的所有功能：包括信息显示功能和预订功能，然后开始编写所有功能的源代码，最后一次性地发布包含所有功能的程序包。相反，如果使用敏捷开发模型，大家可以从信息显示这一功能开始着手进行需求分析、设计和编码工作，最后把它发布给客户使用，并收集客户的反馈。根据客户的反馈，可以通过修改设计、重新编码来解决客户反馈中的主要问题。当解决了信息显示功能部分的所有问题后，恭喜大家，可以进入下一个环节了。接下来就可以展开预订功能的需求分析、设计和编码工作。同样，继续重复之前的步骤，将应用发布给客户，然后收集客户反馈，最后根据客户提出的一些重要问题进行修改设计、重新编码。

敏捷模型的开发周期更短，随着技术的不断频繁变化，更能适应快节奏的市场需要，越来越受到业内人士的欢迎。相反，瀑布模型要求开发者一次性地完成全部功能的开发工作。但事实情况往往没有那么理想，尤其是一些大型项目的开发周期往往都很长，在这个漫长的时间内技术、需求、人员等很多因素都会发生意想不到的变化。例如，当用瀑布法开发这个餐厅应用时，预订部分的实现技术就有可能在你着手进行编码时发生变化。但也不能一概而论，瀑布法也在一些特定的情况下发挥了重要的作用，诸如金融、政府类的软件，它们在项目开始前就已经明确了需求和验收条件，并且提前就要求提供一份完整、翔实的程序说明书。

TECHNICAL
STUFF

2013年10月上线的知名网站 HealthCare 就是采用瀑布法开发的案例之一。在2013年11月网站上线伊始才展开功能测试，但不幸的是测试介入的时间太晚，而且并不全面，导致最后公开上线前没有足够的时间修改所有发现的错误。

无论采用何种开发流程，开发一个应用大致分为以下 4 步。

» 理清需求，明确到底要做什么，做成什么样。

» 展开设计，包括界面设计、程序逻辑结构设计。

» 开始编码。

» 调试程序，保证功能可用。

REMEMBER

通常，花在调查、设计和调试上的时间比较长，而实际编码花费的时间却比较短。相信这样的时间分布会和你想象的不一样。

接下来会详细介绍这几个步骤。当在第 10 章讲解如何编写应用时将会用到这里所描述的过程。

3.1.1　理清需求

当有了一个开发 Web 应用或者本地移动应用的想法时，常常在实际编写代码前会有这样那样的设想："这个功能要这样做，那个功能要那样做……"而恰恰是这些头脑风暴式的"设想、假想"会指引着大家认真思考应用程序到底要做什么、做成什么样。通常，在着手做之前，应该试着去思考和回答下面这些问题。

» 是否有类似的网站或者应用？它们是使用什么样的技术来构建的？

» 在我的应用中，应该包括哪些功能？尤其要明确的是，最不应该有哪些功能。

» 有哪些成熟的功能、模块可以简单地加以集成？例如，像 Google、雅虎、微软这样的公司通常都会有很多免费的、功能强大的成熟模块、组件可供直接采用。

为了便于说明，仍以之前提到的餐厅应用作为研究对象。当进行市场调研和需求分析（简而言之就是为上述 3 个问题寻找答案）时，在搜索引擎上搜一搜可能是最好的选择。当你搜索"餐厅应用"这个关键字时，搜索引擎将会为你列出很多个典型的餐厅应用，如 OpenTable、SeatMe 和 LiveBookings 等。Open Table 把所有符合条件的餐厅在地图中标出，允许用户在地图上选择心仪的餐厅，并预订座位。它使用的地图服务就是 Google 的 Google Maps。

回到你自己的应用程序，可能大家会面临这样的选择：应用应该提供什么样的餐厅信息，预订功能到底应该涵盖多大的范围？此外，无论如何定义功能，一个很重要的事情是，到底要从头开始实现还是选择那些成熟的软件模块和组件。这样说可能有点模糊，让我来解释一下。当显示餐厅信息时，应该只显示那些如餐厅名称、菜系、地址、电话、营业时间这样的基本信息，还是要把餐厅的详细菜单也包含进来呢？当展示餐厅列表时，应该只显示一个小区域（比如就是当前所在的社区）的所有餐厅，还是把全国的所有地区全部包括进来，当然这样做就只能有选择地显示一小部分餐厅了。

3.1.2　展开设计

你的程序设计应该包括所有前期调查的结果并能够清楚地说明用户与程序之间如何交互。由于用户会通过各种各样的方式来访问你的网站，比如使用台式计算机、便携式计算机，甚至是移动设备。因此大家应该努力做出一个"负责任、有诚意"的产品，认认真真地去调查研究在各种设备上访问时应该显示成什么样，什么样的页面布局和功能设定会有最好的用户体验。在这一阶段，通常一个页面设计师、美工或者是用户体验专家会帮助你做出一个漂亮、好用的界面。在网上可以找到许多免费的响应式应用和模板。可以参考第 8 章中提到的例子，也可以使用搜索引擎来查找相应的资源。大体上有两种视觉设计方式，如图 3-2 所示。

>> 框图式：只使用框图的形式勾画网站的大体结构、显示内容与交互细节。这种形式不具有实际的效果，是一种低"保真"的设计形式。

>> 模型式：这是一种高度"保真"的设计形式，包括了色彩、图片和图标。

Balsamiq 是一个用来创建"框图式"设计的常用工具。Adobe Photoshop 则常常用来创建"模型式"设计。当然，你也可以选择使用 PowerPoint（Windows系统）、Keynote（苹果 Mac 系统）或者免费且开源的 OpenOffice 来创建自己的设计方案，而不用为那些专业工具额外付费。

专业的设计师通常使用 Adobe Photoshop 来创建"模型式"设计，他们会采用不同的图层来把网站页面中的每一个元素"分而治之"。一个使用 Photoshop创建的良好设计会有效地指导开发人员为网站页面上的每个元素进行正确的编码。

图3-2

左：框图式设计用来简单展示网站页面布局。右：模型式设计用来完整描述网站页面预览效果

一些复杂的应用在进行完视觉设计后，通常还会有技术层面的设计以及一些方针策略的具体落实。例如，你的应用将会存取各种各样的用户数据，那么将会使用一个数据库来完成这些任务。这里所谓的"方针策略具体落实"就是决定在应用中究竟要采用何种类型的数据库、数据库的"品牌"（例如微软的 SQL Server、甲骨文的 Oracle 等）、最好的数据库集成方法等。此外，开发者还需要根据要存储的数据内容设计数据库模型。这个过程有点类似于使用 Excel 数据表来描述一个公司的营收模型：首先需要决定使用多少个数据列，然后决定应该存储百分比形式的营业额增长数据还是数值形式的营业额总值等。与此类似，那些诸如用户登录、信用卡付款等比较复杂的功能都需要大家提前想好该如何去组织数据、逻辑以便最后顺利实现。

3.1.3　开始编码

当前期调研和设计工作结束后，就要进入实际的编码阶段了。每天的编码工作都很简单，就是选择一个页面或者功能展开具体的代码实现工作。在接下来的学习中，我将会引导大家在每一个练习项目中从头开始一步一步地编写代码。

恰当地把握功能的完成度是比较困难的。通常业内称首个开发迭代的成果为最小化可行产品原型：这意味着你的编程工作刚好用于实际用户体验和收集反馈。如果没人喜欢你的作品或者大家都觉得你的作品没什么用处，那么早知道总比晚知道要好。

应用本质上是一组功能的集合，而对于每一个功能而言，最好的开发方式就是先完成最小化的功能原型，然后根据用户的反馈一点一点地完善它。例如，你的餐厅应用可能需要在顶部的工具条上有一个下拉式的菜单。与其一次性地完成一整套的下拉列表，不如先开发一个简单的静态菜单，最后再增加下拉效果。

一个稍大一点的项目组可能既有前端工程师也有后端工程师。前端工程师负责开发应用的界面，后端工程师负责编写逻辑和创建数据库。所谓的"全栈工程师"是指那些既可以做前端又可以做后端的"全能型选手"。大型项目组通常会有专门的前端工程师、后端工程师和项目经理。项目经理负责组织大家充分地沟通和交流，并通过各种管理手段保证项目开发进度，最终保证项目如期上线。

3.1.4　调试程序

调试工作是开发任何程序的必备活动之一。虽然计算机会忠实地执行程序的指令，然而编写完成的程序常常不会按照大家预想的那样得到正确的运行结果。调试工作烦琐而辛苦。下面列出 3 种常见的错误，希望大家在今后的工作中务必注意。

» 语法错误：这些是由于关键字、变量、命令等拼写不正确所导致的错误。常常是漏掉了某个字母或者是多写了没用的字母等。有些编程语言对此类错误管理相对"宽松"，即便程序中有这些错误，程序仍然会运行。反之诸如 JavaScript 等相当一部分编程语言则相对"严格"，一旦出现这样的错误，程序将会立即停止执行。

» 逻辑错误：这是一种相对复杂的问题，比较不容易被发现和解决。即便程序的语法没有问题，也有可能会暗藏逻辑问题，这时你的程序将不会得到期待的执行结果。例如，在电子商务网站中的购物车上的产品价格总和计算不正确等。

» 显示错误：这些错误常常会出现在 Web 应用中。显示错误出现时，你的程序往往工作正常，只是显示的内容不正确。如今的 Web 应用会运行在各式各样的设备、浏览器、屏幕上，因此进行全面的测试是唯一的质量保证手段。

TECHNICAL
STUFF

英语中的调试是"debugging"，关于这个词的来历还有一段趣闻。这个词是 20 世纪 40 年代在业界流行起来的。究其起源，是一位名叫 Grace Hopper 的硬件工程师在计算机硬件调试时发现了一个严重的问题。结果当他查看计算机电路板时，竟然发现这个问题是因为一只飞蛾爬到了电路板上出现了短路所导致的。他解决这个问题的方式就是把这只飞蛾赶走。这样"de-bugging"（把虫子赶走）这个词就形象地表达了计算机领域的"发现问题并解决问题"也就是"调试"这件事了。

3.2　为工作选择合适的工具

现在可以进行真正的编程工作了。大家可以选择离线方式使用文本编辑器进行网站的开发工作，也可以使用诸如 Codecademy 这样的网站服务来进行在线的开发工作。如果此前没有做过编程工作，我强烈建议使用 Codecademy 这样的网站服务进行在线的开发工作。原因有很多，首先不必下载和安装任何软件，其次不必为自己编写的网页寻找服务器，最后也不必向服务器上传编写完成的网页代码。Codecademy 网站服务会自动地做好所有这一切。

3.2.1　离线工作

如果进行离线工作，需要遵从以下步骤。

» 要有一个文本编辑器。这里指的是用于编写本书所有代码的文本编辑器，包括 HTML、CSS、JavaScript、Ruby、Python 和 PHP 代码。根据所使用计算机的系统，可选用的文本编辑器大概有以下几种选择。

● Windows 系统：微软预装的写字板、需要额外安装的 Notepad++（这是一个免费的文本编辑器，可以从它的官方网站上下载）。

● 苹果的 Mac 系统：可以使用苹果预装的 TextEditor 或者是需要额外下载的 TextMate2.0（这是一个开源的文本编辑器，可以免费从它的官方网站上下载）。

» 要有一个浏览器。浏览器有很多种选择，包括 Firefox、Safari、Internet Explorer 和 Opera。我推荐大家使用 Chrome，因为它对最新版本 HTML 编程语言支持得更好，可以从 Google 官方网站上下载。

» 要有一个 Web 服务器。为了让网站程序可以被所有人使用，需要一个在线的网站服务器。免费的 Web 服务器有 Weebly 和 Wix 等。这些站点都提供基本的 Web 服务，但是如果大家想使用诸如有额外免费容量的存储空间或者自动除广告这样的高级功能，就需要另外付费了。Google 也提供了免费的 Web 服务器。

3.2.2 使用Codecademy在线工作

Codecademy 是学习在线编程的最佳方案，这个网站上提供的各种课程构成了本书的基本内容。这个网站不需要安装程序编辑器或者提前申请 Web 服务器，它对所有人都是免费的。这个网站可以使用目前最新版本的所有浏览器访问，但是我推荐使用 Chrome 或者是 Firefox。

1. 浏览一下学习环境

当你完成了在 Codecademy 网站上的注册或者登录后，根据所学习内容的不同，就会看到一个效果展示框或者直接进入程序编辑页面，如图 3-3 所示。

图3-3
左：
Codecademy
的效果展示
框。右：代码
编辑页面

效果展示框可以让用户通过单击按钮来演示那些预编写程序的执行效果。代码编辑页面则包括了一个专门编写代码的文本框和一个用于演示程序执行效果的小窗口，任何在代码编辑文本框中出现的代码都会被自动执行并显示在执行效果窗口中。

代码编辑页面包括 4 个部分。

>> 页面的左上角显示背景信息，用来告诉用户当前的编程任务是什么。

>> 页面的左下角显示关闭当前窗口的选项（保存并提交、重写）。

>> 编程窗口允许用户按照练习的内容编写程序。编程窗口还包括一个预览部分用来实时地显示所编写程序的执行效果。

>> 编写完成后就可以单击"Save & Submit"或者"Run"。如果成功地实现了当前的编程任务，那么就可以进入下一个练习，否则网站会显示一个清晰的错误消息和一个提示信息。

效果展示框包括以下 3 个部分。

» 关于编程概念的说明信息。

» 一个用于完成简单的编程任务的程序编写窗口。一个用于显示程序实时执行效果的预览窗口。

» 当完成编程任务后，单击"Got It"按钮。大家可以通过单击"Go Back"按钮查看所有之前的交互式效果展示框。

2. 从社区获取帮助

如果大家遇到了问题或者出现了不知道该如何解决的 bug，可以采用以下步骤来获取帮助。

» 单击"hint"。

» 在"Q&A 论坛"上提出自己遇到的问题，并浏览那些类似内容。

» 在 Twitter 上 @Nikhilgabraham 向我发问，并在所撰写的问题内容最后使用 #codingFD 来结尾。

第 2 部分
创建一个规范的、交互式的网页

在这一章里，你将了解到：

HTML 的用途；

基本的 HTML 结构；

在页面上添加标题、段落、超链接、图像的方法；

如何调整页面的文字格式；

如何创建一个简单的网页程序。

第4章

HTML之初体验

你通过你浏览的东西影响世界。

——蒂姆·伯纳斯·李（Tim Berners-Lee）

HTML 的学名是"超文本标记语言"（HyperText Markup Language），几乎被用在了每一个大家浏览的网页中。因为 HTML 这门语言几乎可以称作所有互联网应用的"鼻祖"，所以我们学习互联网应用的最佳方式就是把它作为起点。

在这一章里，你将学习到 HTML 语言的基本语法、基本结构以及如何在浏览器上显示文字。此后，你还将学习文字的格式化方法和如何在网页上显示图片。最后，我将创建可能是你们接触编程以来的第一个网站。你将会发现，如果没有其他任何的辅助措施，只凭 HTML 来创建网页，那将会是一个非常呆板的、毫无特点的页面，与我们平时看到的网页大不相同。在完成第一个 HTML 页面之后，我将在后续的章节中继续介绍其他用于调整页面风格的编程语言。

4.1 HTML语言的作用

HTML 一般用于指示浏览器如何在页面上显示文本和图片。回忆一下上一次使用文本编辑器创建一个文件的情形。无论使用的是微软的 Word、Wordpad，还是苹果的 Pages 或者其他的文本编辑器，当启动这个文本编辑器的时候，都将会看到一个可以输入文本的主窗口，以及一个菜单或者工具栏，可以使用它来调整文本的结构和风格，如图 4-1 所示。通过文本编辑器可以创建标题、段落、插入图片、下画线。类似，也可以使用 HTML 语言来调整页面结构以及设定文本格式。

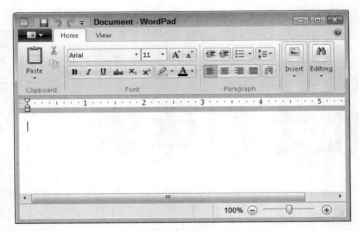

图4-1
文本编辑器的
界面

使用 HTML 这样的标记语言编写的程序本质上就是一个普普通通的文本文件。与使用文本编辑器创建的文件不同，用户可以使用网页浏览器在任何计算机上浏览它（而文本编辑器编辑出来的文档涉及兼容性的问题，例如微软 Word 编辑的某些种类的文档就不能在 Linux 上使用 gedit 文本编辑器打开）。

HTML 文件作为一种文本文件，只有在使用浏览器打开时才能看到预先定义的格式。相反，那些使用文本编辑器创建的所谓"富文本"文件通常会被这些文本编辑器"偷偷地"加入一些格式信息。正因为有这些格式信息，当使用兼容的文本编辑器打开时才能看到预设的格式（比如使用 Microsoft Word 编辑的带有格式的文件，当再次用兼容的 Open Office 自带的编辑器打开时也能看到设定的格式）。所以，在富文本文件中编写的 HTML 文件，将不会在浏览器中正确地显示出来。

4.2　理解HTML程序结构

HTML 内置了一系列的规则以保证一个网站无论是在何种浏览器、何种操作系统上浏览，都会得到同样的显示效果。当大家掌握了这些规则，就会很容易地"预测"出一段 HTML 程序将在浏览器上显示成什么样子，也会"手到擒来"地解决那些显示方面的错误。自 HTML 语言问世以来，它就不断地"吐故纳新"，不断丰富着内建的各种显示效果。尽管是"铁打的营盘流水的兵"，但 HTML 中仍然有一些基础性的元素历久弥新，既没有消失，在使用方法上也没有任何变化。

虽然我一直强烈推荐大家下载并安装 Chrome 或 Firefox 浏览器，但是大家仍然可以按照自己的喜好使用任意浏览器显示自己的 HTML 文件。Chrome 和 Firefox 浏览器常常会自行升级，运行速度快并且支持几乎所有网站的显示（而一些浏览器对互联网上网站页面的支持却存在很多问题）。

4.2.1 识别页面上的元素

HTML 使用名为"元素"（element）的特殊文本关键字来布局页面，并设定页面上各个元素的显示风格。浏览器在满足以下条件时将会正确地识别一个元素，并使用这个元素在定义时所指定的显示效果。

» 元素是一个具有特殊含义的字母、词或短语。例如，"h1"就是一个浏览器能够识别并应用预定效果的元素，它将显示一段文本，并且这段文本将采用稍大的字体。

» 元素由左右尖括号（<>）包围。使用尖括号包围的元素称为标签（如 <h1>）。

» 标签分为开始标签和结束标签。开始标签的语法是 <element>，结束标签的语法是 </element>。请注意结束标签的语法与开始标签的不同：在左尖括号之后、元素关键字之前需要插入一个"/"（如 </h1>）。

有一些 HTML 标签是无须结束标签的，只需要在开始标签中加入一个"/"即可。关于这方面更多的说明，请参看 4.2 节。

当这几个条件都满足后，在开始标签和结束标签之间定义的文本就会按照这个标签所定义的风格显示出来。只要有一个条件不满足，那么浏览器将只会显示无格式的文本。为了更好地理解这里提到的几个条件，请看下面的这段示例代码。

```
<h1>This is a big heading with all three conditions</h1>
h1 This is text without the < and > sign surrounding the tag /h1
<rockstar>This is text with a tag that has no meaning to the browser
</rockstar>
This is regular text
```

在图 4-2 中间你会看到浏览器将如何显示这段代码。

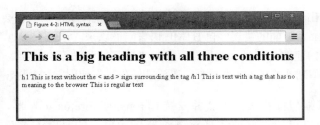

图4-2
示例代码在浏
览器中的显示
效果

浏览器为"This is a big heading with all three conditions"应用了标题栏的格式。因为 h1 是一个标题栏标签，并且这里提到的 3 个条件都得到了满足。

>> 浏览器正确识别了 h1 元素。

>> h1 元素被正确嵌入了左、右尖括号中。

>> 开始标签 <h1> 与结束标签 </h1> 正确配对，无缺失。

注意，h1 标签自己（也就是"<h1>"和"</h1>"）并不会显示在标题内容中。如果标签定义正确，那么浏览器是不会显示标签中所包含的元素名称的（例如，标签 <h1> 中的元素是"h1"，那"h1"这几个字不会显示在页面上）。

剩下的几行显示的内容与文件中定义的内容就一样了，这是因为剩下的几行都存在定义错误。第二行 <h1> 标签定义时缺少左右尖括号，这违反了第二个条件。在第三行代码中，由于"rockstar"不是一个浏览器能识别的元素，因此违反了第一个条件（调侃一下：当你掌握了这一章的内容，你自己就是"rockstar"了，所以就别拿这个雅号去骚扰浏览器了，人家不认识）。最后，第四行在定义时因为既没有开始标签又没有结束标签，所以浏览器就把它显示成了一段普通文本，这违反了第三个条件。

所有的标签必须用左、右括号配对定义，缺一不可。此外任何一个开始标签必须与结束标签配对使用，同样也是缺一不可。

HTML 语法规范中大约有 100 多个元素，在接下来的章节中我将介绍其中最为重要的一部分。现在先不用担心记不住这些元素的名称（但是随着学习的深入还是要花点时间把它们记住、学会）。

HTML 是一种语义检查比较宽松的语言。很多情况下即便代码有一些小错误（例如忘记写结束标签）浏览器也会"勉为其难"地把它正确的内容显示出来。但是，如果你的程序写得太烂，错误多到了连万能的浏览器都猜不出来你到底想干啥的时候，结果也就可想而知了。

4.2.2 使用"属性"调整标签的显示风格

属性 (attribute) 通常被作为一种调整元素行为、设定额外信息的手段。一般来说（但也不是绝对的），设定一个属性的方法是用等号将一个属性与一个使用引号引用的值连接起来。下面是一个使用 title 属性和 hidden 属性的例子。

```
<h1 title="United States of America">USA</h1>
<h1 hidden>New York City</h1>
```

title 属性为元素提供了一段说明性的信息。当鼠标指针指向这个元素时，这段信息就会弹出来显示给用户（换句话说，这是一段针对这个页面元素的提示性说明）。在这个例子中，"USA"这个词因为使用了 <h1> 标签所以会以标题来显示。此外，它也包含了一个 title 属性。当把鼠标指针放在这个标题上时，title 属性中的内容"United States of America"就会跳出来在鼠标指针旁边显示，如图 4-3 所示。

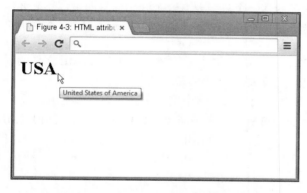

图4-3
一个拥有
title属性的
标题栏

hidden 属性意味着使用这个属性的元素与当前页面内容是"无关"的，因此浏览器将不会显示所有包含此属性的元素。在这个例子中，由于另一个 <h1> 标签中包含了 hidden 属性，因此这个 <h1> 标签中定义的文字"New York City"将不会出现在页面上。另一个针对 hidden 属性的用法是，当网站想对某些用户隐藏一些信息时可以使用 hidden 属性。例如某网站有可能想让页面中包含日期和时间的信息，但是却不想让用户看到这些信息。

TECHNICAL
STUFF

hidden 属性是 HTML5 标准引入的新内容。这也意味着这个属性可能在一些老版本的浏览器上无效。

在开始标签中可以添加多个属性，如下所示。

```
<h1 title="United States of America" lang="en">USA</h1>
```

在这个例子中，我分别用到了 title 属性和 lang 属性。把 lang 属性的值设定为 "en" 的意思是告诉浏览器这段内容使用的是英语。当使用多个属性时，可以通过一个空格来分隔不同的属性赋值。当使用属性时要时刻注意以下几点。

» 如果要使用属性，记住一定要在 HTML 开始标签中定义它。

» 元素可以拥有多个属性。

» 如果属性有值，记住要用等号 "=" 进行赋值，被赋予的值要用引号来包围。

4.2.3　head、title和body标签要位于HTML文件的顶部

HTML 应该以一个特定的结构顺序来组织，这样浏览器才能够正确地解释和执行。每一个 HTML 文件都有相同的 5 个元素：其中 4 个要同时包括开始标签和结束标签，剩下的那一个只需要有一个开始标签即可，不需要结束标签。这 5 个标签都只能定义一次，这 5 个标签如下所示。

» !DOCTYPE html：这个标签必须出现在 HTML 文件的最开头，并且只能出现一次。这个标签的意思是告诉浏览器这段程序采用的是哪一个版本的 HTML 语言。在这个例子中，它的意思是最新版本的 HTML 语言，也就是 HTML5。它不需要结束标签。对于使用 HTML4 这个版本的 HTML 语言编写的 HTML 文件，应该以 <!DOCTYPE HTML PUB-LIC "-//W3C//DTD HTML 4.01//EN" "http://www.w****g/TR/html4/strict.dtd"> 开头。

» html：用于定义 HTML 的显示部分。在 <html> 标签之后应该首先定义 <head> 标签（当然应该与它的结束标签 </head> 配对使用），接下来应该是 <body> 标签（也应该与它的结束标签 </body> 配对使用）。

» head：可以嵌套包含其他的元素。这个标签中的内容通常用来描述这个页面的一般性的信息，如标题等。

» title：在浏览器窗口的标题栏或者是页面的标签栏中显示标题。Google 这样的搜索引擎通常使用 title 标签来作为搜索结果中的排序依据。

» body：用于存放当前 HTML 中的主要内容。在 body 标签中定义的文本、图片和其他内容将会在浏览器中显示出来。

下列程序是一个正确定义的、包括上述 5 个标签的 HTML 文件，显示效果如

图 4-4 所示。

```
<!DOCTYPE html>
<html>
<head>
    <title>Favorite Movie Quotes</title>
</head>
<body>
    <h1>"I'm going to make him an offer he can't refuse"</h1>
    <h1>"Houston, we have a problem"</h1>
    <h1>"May the Force be with you"</h1>
    <h1>"You talking to me?"</h1>
</body>
</html>
```

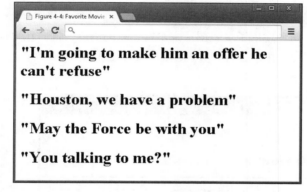

图4-4
一个使用基本
HTML元素创
建的网页

TIP

强烈推荐使用空格作为标签与标签之间的分隔。它将让代码更加具有可读性。这些空格只是为了自己以及其他人来更加容易地阅读程序，而实际上浏览器并不关心这些空格是否存在。此外还应该注意的是不要把程序中的所有或者很多标签定义在一行中（这样也会让代码难以阅读）。浏览器能够识别在开始和结束标签之间定义的空格，这些空格将会被显示在页面上。

REMEMBER

例子中有很多 h1 标签，但是 html、head、tile 和 body 标签却分别只能有一个，并且这几种标签的定义要求开始、结束标签配对使用，缺一不可。

4.3　熟练掌握HTML任务和标签

通常浏览器都支持上百种的不同 HTML 标签，但是绝大多数的网站却仅仅使用了为数不多的一些标签就实现了其绝大多数的功能。为了理解它们的使用方法，做一个小练习：回忆一下最喜欢的新闻类网站的外观，然后连接网络、打开浏览器、在浏览器中输入网址。不要着急，慢慢来。

如果大家暂时还连不上网，没关系，那就请仔细看看我在图 4-5 中向大家展示的《纽约时报》官方网站吧。仔细看这个页面，它主要由四大 HTML 元素组成。

» 标题行：标题行的文字使用粗体，并且字体尺寸比周围其他部分的文字要大。

» 段落：每一个故事都以段落的形式来显示，并且段落之间使用空白行来分隔。

» 超链接：网站主页和文章页面中包含了各种各样的超链接。有的链接到了其他页面上，有的链接用来向 Facebook、Twitter 或者 Google+ 上分享这篇文章。

» 图片：作者使用了多张图片来丰富文章的内容，同时在页面上也包含了一些站点专用的图片，如网站的标志和图标等。

图4-5
一篇包含标题、段落、超链接和图片的纽约时报文章

标题行

超链接

段落　　图片

在接下来的部分我将会介绍如何通过编写 HTML 代码来创建并显示这些内容。

4.3.1 编写标题

通常，标题用来概括性地描述页面上某一部分的内容。HTML 语言共内置了 6 个级别的标题，如图 4-6 所示。

» h1 通常用来显示最为重要的标题内容。

» h2 用作子标题。

» h3 ～ h6 通常用来显示重要度较低的标题。

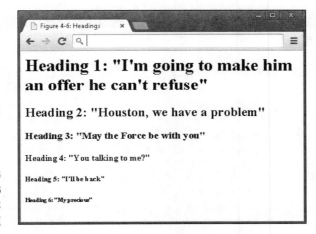

图4-6
使用h1～h6
创建的不同样
式标题

浏览器显示 h1 ～ h6 格式的标题时，遵循字体从大到小的原则。在定义标题时，要在开头处使用起始标签，接下来是标题文字，最后是结束标签，如下：

```
<h1>Heading text here</h1>
```

以下是一些使用 h1 ～ h6 标签的例子。

```
<h1>Heading 1: "I'm going to make him an offer he can't refuse"</h1>
<h2>Heading 2: "Houston, we have a problem"</h2>
<h3>Heading 3: "May the Force be with you"</h3>
<h4>Heading 4: "You talking to me?"</h4>
<h5>Heading 5: "I'll be back"</h5>
<h6>Heading 6: "My precious"</h6>
```

REMEMBER

时刻记住，结束标签不能省略！在显示标题时，不要忘了标题的结束标签，比如 </h1> 等。

4.3.2　组织段落中的文字

可以使用"p"元素来显示段落中的文字：在段落文字前要使用段落开始标签 <p>，在段落文字后要使用段落结束标签 </p>。p 元素将会指示浏览器显示一段文字，并且在结束标签后插入一个换行符。

TIP

如果只是想插入一个换行符，请使用
 标签。
 标签是一个独立使用的标签，不需要结束标签。因此不要想当然地使用 </br>，本质上这样做是"非法"的。

一个段落的定义通常由段落起始标签开始，然后是段落内容文字，最后以段落结束标签结尾：

```
<p>Paragraph text here</p>
```

以下程序是使用段落标签的稍微复杂一点的例子，运行结果如图 4-7 所示。

```
<p>Armstrong: Okay. I'm going to step off the LM now.</p>
<p>Armstrong: That's one small step for man; one giant leap for
              mankind.</p>
<p>Armstrong: Yes, the surface is fine and powdery. I can kick it
              up loosely with my toe.
              It does adhere in fine layers, like powdered charcoal,
              to the sole and sides of my boots.</p>
```

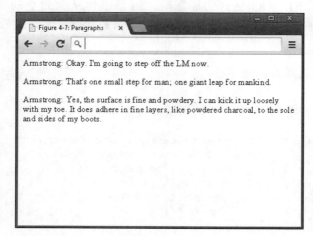

图4-7
使用p元素显示的段落文字

4.3.3 链接到你的内容

超链接是 HTML 中最为重要的功能之一。一个页面上可以包含很多个指向其他内容的超链接，这些超链接允许用户只需轻轻一点就能够直接跳转到不同的内容页面上。显然，这比将所有内容全部挤到一个页面上的做法不知道要强多少倍。超链接的定义通常包括两部分。

» 链接目标：是指当用户单击超链接时浏览器将要跳转到的页面。为了定义链接目标，请使用起始标签 <a>，需要注意的是，要在这个起始标签中使用 href 属性来设定链接目标对应的网址，这个网址也就是用户单击超链接时将要跳转到的目标网址。

» 超链接说明：用于描述这个超链接的一小段文字。可以通过在起始标签 <a> 之后插入一小段文字的方式来定义超链接的说明部分，只是不要忘了在最后要以结束标签 </a> 结尾。

一个简单的超链接定义如下：

```
<a href="website url">Link description</a>
```

以下是一些稍复杂一点的例子，显示效果如图 4-8 所示。

```
<a href="http://www.ama****">Purchase anything</a>
<a href="http://www.air****">Rent a place to stay from a local
host</a>
<a href="http://www.tec****">Tech industry blog</a>
```

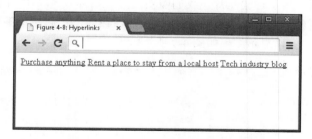

图4-8
3个使用a元素
创建的超链接

当浏览器显示超链接时，一般情况下都会默认将超链接描述文字加上下画线，并将字体颜色显示为蓝色。如果想修改这些默认的显示属性，请参考第 6 章。

REMEMBER

用 <a> 标签显示时要注意的是，在超链接显示完毕后，浏览器不会自动换行

（也就是说跟在 </a> 标签后面的内容将与这个超链接位于一行中并排显示）。

Google 的搜索引擎将"超链接说明"部分的文字作为依据来对搜索结果进行排序。这个新的搜索结果排序方式比过去基于页面内容分析结果的方式更好。

4.3.4 显示图片

"图文并茂"的 HTML 页面将更有表现力。可以在页面中包含自己的图片，也可以包含别人的图片。不过无论是谁的图片，首先都需要知道这张图片的保存位置。Google Image 和 Flickr 这样的网站允许通过关键词来搜索位于互联网上的图片。当找到了喜欢的图片后，可以右键单击这张图片，并选择"Copy Image URL"来获得图片的保存位置。

要注意，如果想使用某张图片，那么首先必须要有访问这张在线图片的权限。Flickr 自带的工具可以让我们在几乎没有限制的情况下搜索图片。此外，如果想使用某一张带有著作权的图片，则需要首先向图片的拥有人付费。同时，另一个网站如果想要通过超链接的方式指向这张带有著作权的图片，通常这也将会被收取费用。因此，一些网站不允许从第三方的站点（比如说打算编写的页面程序）直接链接到它所拥有的一些图片上。

如果打算使用的图片还没有被上传到互联网上，那么可以使用诸如 Imgur 这样的网站先上传这幅图片。上传之后，就可以复制它的 URL 并把它用在自己的网页程序中。

为了在页面上显示一幅图片，我们需要通过起始标签 <img> 来定义图片的来源路径，也就是使用这个标签的 src 属性，最后，在起始标签的末尾，使用"/"来结束定义，显示结果如图 4-9 所示。

```
<img src="http://upload.wikim****rg/wikipedia/commons/5/55/
Grace_Hopper.jpg"/>
<img src="http://upload.wikim****rg/wikipedia/commons/b/bd/ Dts_
news_bill_gates_wikipedia.JPG"/>
```

注意：<img> 标签是一个"自关闭"标签，也就是说没有"</img>"这个标签。尽管之前提过，在 HTML 编程中有一个很重要的原则："永远不要忘了使用结束标签来结尾"。但凡事总有例外，<img> 标签就是这样一个例外，请大家记住。

图4-9
使用<img>标
签显示的两幅
图片：美国海
军准将Grace
Hopper和微
软创始人Bill
Gates

4.4 "调" 出一张漂亮的面孔

前文讲解了如何在浏览器中显示基本的文字和图片。接下来我将继续介绍如何去调整这些画面元素的显示风格。HTML 语言只具备一些简单的调整页面显示风格的功能，这显然没法满足"漂亮"二字。在接下来的章节中我将介绍如何使用 CSS 语言来调整内容的风格和位置。首先介绍如何用 HTML 对页面上显示的文字做一些简单的格式化调整，这样读者就可以自己去实现第一个 Web 页面了。

4.4.1 使用粗体、斜体、下画线、删除线来"强调"一段文字

HTML 语言允许使用以下的元素进行文字的基本格式调整。

- ❯❯ strong：用于标注重要的内容，浏览器会将其显示为粗体字。
- ❯❯ em：用于强调某一部分内容，浏览器会将其显示为斜体字。
- ❯❯ u：将文字加上下画线。
- ❯❯ del：用于表示删除，浏览器将会在文字上显示删除线。

REMEMBER

下画线元素 u 并不常用于标注文字，因为这样做常常会引起混淆。通常超链接默认会使用下画线。

这些元素的使用方法也很简单，就是以开始标签起头，接下来是目标文字部

分，最后以结束标签结尾。如下所示：

```
<element name>Affected text</element name>
```

以下是一些稍微复杂一点的例子，显示效果如图 4-10 所示。

```
Grace Hopper, <strong> a US Navy rear admiral </strong>, popular
ized the term "debugging."
Bill Gates co-founded a company called <em>Microsoft</em>.
Stuart Russell and Peter Norvig wrote a book called <u>Artificial
Intelligence: A Modern Approach</u>.
Mark Zuckerberg created a website called <del>Nosebook</
del> Facebook.
Steve Jobs co-founded a company called <del><em>Peach</em></
del> <em>Apple</em>
```

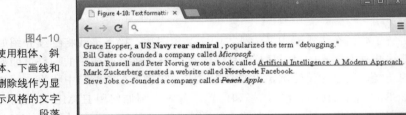

图4-10
使用粗体、斜
体、下画线和
删除线作为显
示风格的文字
段落

TIP

可以通过使用多个 HTML 标签使一段文字具有多种风格。但是要注意结束标签
的使用方法。一方面结束标签要与开始标签配对使用，另一方面要注意结束标
签的顺序：正好与开始标签的顺序相反，先出现的开始标签对应的结束标签在
最后。例如，来看一下上段代码的最后一行程序，重点关注那些用于修饰单词
"Peach"的标签的顺序。

4.4.2　将文字显示为上标、下标

一些诸如 Wikipedia 这样参考性的文章以及技术类文章通常为脚注使用上标，
同时将那些化学名称中的数字显示为下标。为了使用这些风格，我们通常使用
以下元素。

» sup：强制将文字显示为上标。

» sub：强制将文字显示为下标。

这两个元素的使用方法也没什么特殊之处，同样以开始标签起头，接下来是目

标文字，最后以结束标签结尾：

```
<element name>Affected text</element name>
```

示例程序如下所示，显示效果如图 4-11 所示。

```
<p>The University of Pennsylvania announced to the public the first
    electronic generalpurpose computer, named ENIAC, on February
    14, 1946.<sup>1</sup></p>
<p>The Centers for Disease Control and Prevention recommends
    drinking several glasses of H<sub>2</sub>0 per day.</p>
```

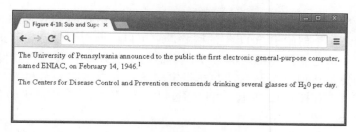

图4-11
包含上标、下
标显示风格的
文本段落

TIP

当打算使用上标风格的文字来显示文章中的脚注时，最好再用一个 <a> 标签来
为这个脚注添加一个超链接，这样用户就可以直接单击这个"脚注"跳转到这
段脚注文字所在的页面，这样做将使你开发的页面更加易用。

4.5　使用HTML语言完成第一个Web页面

现在大家已经掌握了一些基本的知识，接下来可以"学以致用"，把学到的知识
应用到实践中。大家可以在自己的计算机上直接按照以下步骤来操作。

（1）打开一个诸如微软 Windows 系统上的 Notepad 或者苹果 Mac 系统上的 TextEdit
这样的文本编辑器。

如果使用的是微软的 Windows 系统，可以单击"开始"按钮后选择"运行"，
在搜索框中写入"notepad"并敲回车键。如果使用的是苹果的 Mac 系统，可
以选择"spotlight search"（这个图标位于桌面工具条的右上角），然后输入
"TextEdit"并敲击回车键。

（2）在上述任何一个文本编辑器中输入此前章节中展示的示例代码。当然，如
果大家掌握得比较好，可以任意发挥。

（3）当完成源代码的编写后，就保存文件。需要注意的一点是，所保存的文件名要以".html"作为扩展名。

（4）双击刚刚保存的文件，此时系统应该自动打开当前默认的浏览器，并加载这个页面。

互联网上有很多免费的专门用来编辑源代码的专用工具。使用这些工具可以又快又好地帮助你迅速完成代码的编写工作，并能够帮助你减少很多拼写错误等。如果使用的是微软的 Windows 系统，我推荐你使用 Notepad++。如果使用的是苹果的 Mac 系统，我推荐你使用 TextMate。

如果想使用在线服务练习编写代码，可以使用 Codecademy 网站。Codecademy 网站是一个创始于 2011 年的网站，它可以帮助用户学习如何正确地编写代码。使用这个网站练习编程序，不需要下载以及安装任何软件，只需要使用浏览器访问这个网站，并在指定的输入框中按照提示和练习内容直接输入即可，如图 4-12 所示。可以通过以下步骤练习本章中所讲的各种标签的使用方法。

（1）打开 Dummies 网站，然后单击 Codecademy 超链接。

（2）注册一个 Codecademy 账号，当然，如果有账号就直接用账号登录。申请一个账号的好处是它可以帮助大家自动保存工作进度，不必担心关闭浏览器后上次完成的工作内容会丢失。

（3）滚动页面找到"HTML Basics"后单击它。

（4）页面的左上角将会显示一些说明性的信息，左下角则会显示一些针对程序编写的指导性文字。

（5）在主窗口内嵌的程序编辑框内按照指示编写程序。神奇之处是，随着程序的编写，已编写程序的显示效果会实时地出现在页面上。

（6）程序完成后，单击"Save and Submit Code"按钮。

如果按照指示正确地完成了程序的编写，这时屏幕上就会出现一个绿色的标识，告诉用户可以进入下一个练习了。如果程序中有错误，就会显示一行警告并包括一些修改建议。如果确实遇到了难题，或者是出现了一个不知道该怎么解决的 bug，可以单击"hint"按钮，也可以单击"Q&A Forum"搜一搜，看看是否已经有人针对这个问题提供了解决方案。如果实在搞不定，也可以来找我：在 Twitter 上 @ikhilgabraham，说清楚遇到的问题，并在问题的最后加上

"#codingFD"。

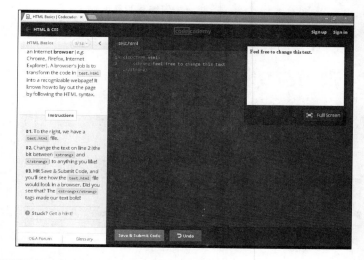

图4-12
Codecademy
网站：一个只
用浏览器就能
玩转编程的好
工具

HTML 的历史

HTML 是由一个名叫 Tim Berners-Lee 的计算机工程师创建的。他有一天突发奇想：是否可以通过一种编程语言，让研究机构的学者能够更加方便地访问学术论文，并且相互协作。为了实现这个想法，他在 1989 年完成了最初的 HTML 编程语言。那时本章提到的超链接标签就已经包含在其中了。两年后也就是 1991 年，他使用自己的 HTML 语言完成了第一个网站的开发。不同于其他私有软件，Berners-Lee 把他的 HTML 语言免费向全世界发布，允许它自由自在地传播和使用。在发布了初版的 HTML 语言后不久，Berners-Lee 又发起了一个名叫万维网联盟（World Wide Web Consortium，W3C）的组织。这个组织由研究机构的人和一些公司组成，他们共同定义和维护了 HTML 语言。从最初 Berners-Lee 发布 HTML 时仅有的 18 个元素开始，经过一段时间的努力，他们共推出了 100 多个功能各异的 HTML 元素，让 HTML 语言更加强大、更加流行。HTML 编程语言的最新版本是 HTML5，它具有更加强大的功能。HTML5 语言在忠实地继承了老版本 HTML 语言的所有功能的基础上，还增加了播放音视频文件，获取用户地理位置，创建图、表等功能，使得 Web 应用以更加充满魅力的方式紧密地融入全世界每一个人的生活和学习中。

第5章

深度玩转HTML

我有控制欲，我想要一切都有条不紊，我需要清单。

——桑德拉·布洛克（Sandra Bullock）

即使是最好的内容也需要一个良好的格式，这样才会让内容更具有可读性。当然本书也不例外。可以看一下本页顶部的"在这一章里，你将了解到"这个布告栏或者本书的目录。列表或者表格会让内容的条理更加清晰。通过模仿真实的图书或者是杂志，Web 元素让用户能够更加有效地组织诸如文本、图片这样的内容，使它们能够以一个特定的格式显示在 Web 页面上。

在这一章中，大家将了解到如何使用 HTML 的格式化元素：列表、表格以及表单，同时也将了解到如何根据内容更加灵活地运用好这些 HTML 元素。

5.1 组织页面上的内容

良好的可读性是在网页上组织和显示内容的终极原则。开发的页面应该能让用户更加方便地阅读、理解以及执行各种交互操作。大家时刻要记住：用户一般会通过单击的方式来阅读页面上的内容。这些内容通常对于页面的主题具有补充说明的作用或者与这个主题具有某种内在逻辑上的联系。用户也会通过单击操作来与其他人共享这些内容或者针对某个内容完成购买和消费等行为。一个不好的内容组织形式会使用户因为看不懂、不会用等原因对内容失去兴趣进而让网站彻底地失去这个用户。

图 5-1 和图 5-2 展示了两个网站。大家可以观察它们的外观，并比较一下孰优孰劣。图 5-1 展示的是我在 Craigslist 网站上搜索位于纽约的租赁公寓的结果。搜索结果是以列表形式组织的，大家可以通过定制搜索结果来决定到底显示哪些信息。每一个搜索结果列表有多个属性，比如起居室的数量、社区以及最重要的价格。在不同的结果列表中比较类似的属性有点费工夫，因为这个搜索结果列表看起来参差不齐。

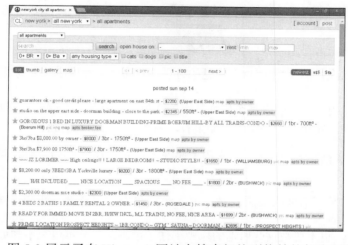

图5-1
在Craigslist
网站上搜索出
来的租赁公
寓结果列表
（2014年）

图 5-2 展示了在 Hipmunk 网站上搜索纽约到伦敦的航班所得出的结果。就像在 Craigslist 网站上得出的结果一样，可以通过搜索框以及筛选框来决定结果中应该显示哪些内容。此外，每一个搜索结果列表都有多个不同的属性，包括价格、航空公司、离港时间、降落时间、飞行时长，这些内容与我们在 Craigslist 网站上看到的类似。只不过在 Hipmunk 网站上比较不同航班之间的属性很方便。Hipmunk 网站的布局会使你不知不觉地按照直线从头浏览网页，很容易地对搜索结果排序，并比较不同航班之间的差别。这些显然是 Craigslist 网站所欠缺的。

千万不要忽视页面内容组织时的"简洁性"原则。虽然说了 Craigslist 那么多的不足，它的页面布局看起来是那么简陋，但恰恰是这种简陋的页面布局，使它跻身于世界前 50 最火爆的网站之列。Reddit 是另一个以简洁著称的世界前 50 最火爆的网站之一。

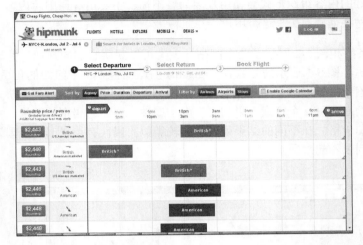

图5-2
Hipmunk网站
列出来的从
纽约到伦敦
的航班信息
（2014年）

在面对如何组织内容这个问题的时候，首先要思考以下几个问题。

» 内容中是否有某个属性具有关联数据，或者说内容是否需要按照特定的
顺序化步骤来组织，如果有，那么可以考虑使用列表。

» 内容中是否有一个或多个属性适合相互比较？如果有，可以考虑使用
列表。

» 是否需要收集用户输入的各类信息？如果需要，可以考虑使用表单。

当然，也不要被这些所谓的原则绑住了手脚。完全可以在不知如何做的时候任
选其一，然后通过用户的反馈来做最后的取舍。评估一个相同页面的不同版本
的过程被称为 AB 测试（A/B testing）。

5.2　使用列表

业界一般使用列表来组织那些具有层级关系的或者是具有相关性的信息。这是
一种十分普遍的做法，多年来被无数个网站所使用，并取得了良好的效果。在
图 5-3 中，大家将看到一个使用"项目列表"来组织信息的早期雅虎网站首页
以及现在的 Allrecipes 网站中的菜谱页面。这个菜谱页面使用列表来显示不同
种类的食材。

图5-3
左: 1997年
雅虎首页,使
用了一个未经
排序的列表。
右: 2014年
的Allrecipes
网站,使用了
一个排序列表

 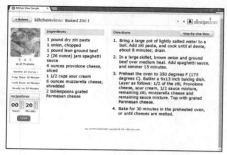

列表中的项目以一个标识或者缩进开始,然后是列表项目的具体内容。这里提到的标识可以是数字、字母、圆形的符号或者什么都没有。

5.2.1 创建一个排序、乱序列表

两种常用的列表形式如下所示。

» 排序列表: 是一个按数字或者字母顺序排序的列表,在这样的列表中顺序非常重要。

» 乱序列表: 通常用于罗列各类项目,在这样的列表中顺序不重要。

可以通过在定义时指定列表的属性来决定到底使用排序列表还是乱序列表。然后通过使用 "li" 标签来添加不同的列表项。可以参考以下步骤操作。

(1)指定列表类型。

通过使用 ol(排序列表)或者是 ul(乱序列表)标签来定义列表,当然开始标签和结束标签要配对使用。具体方法如下。

● 在排序列表的开头和结尾使用 ol 元素,要配对使用开始标签和结束标签。

● 在乱序列表的开头和结尾使用 ul 元素,要配对使用开始标签和结束标签。

(2)为每一个列表项使用 li 元素,要配对使用开始标签和结束标签。

排序列表的实现如下所示。

```
<ol>
  <li> List item #1 </li>
```

```
    <li> List item #2 </li>
    <li> List item #3 </li>
</ol>
```

5.2.2　使用嵌套列表

我们也可以使用嵌套列表，也就是列表中的列表。一个列表可以嵌入另一个列表中。为了实现一个嵌套列表，可以通过将列表中的项目标签 <li> 替换成列表类型标签，既可以是 <ol> 也可以是 <ul>。

图 5-4 所示的源代码展示了不同种类的列表，其中也包括嵌套列表。图 5-4 所示代码的执行效果如图 5-5 所示。

图5-4
编写一个排序
列表和一个嵌
套列表

```
1   <!--Ordinary list-->
2   <h1>Tasks for today</h1>
3   <ol>
4       <li>Schedule a product meeting</li>
5       <li>Have lunch with Arun</li>
6       <li>Draft client presentation</li>
7   </ol>
8
9   <!--Nested list-->
10  <h1>Tasks for tomorrow</h1>
11  <ul>
12      <li>Send sketches to London office</li>
13      <li>File expense reports</li>
14      <ol>
15          <li>Trip to San Francisco</li>
16          <li>Trip to Los Angeles</li>
17      </ol>
18  </ul>
```

图5-5
图5-4所示源
代码的执行
效果

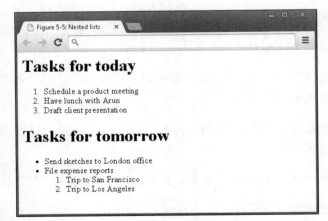

源代码中包含的 <h1> 标签实际上与创建列表无关。我把它也添加到代码中的目的就是想给每个列表添加一个名字。

需要注意的是，每一个列表、列表项目都要求配对使用起始、结束标签。

5.3 在表格中组织数据

表格用于进一步在页面上组织文本内容并在页面上使用表格化的形式将内容显示出来，如图 5-6 所示。表格尤其适用于显示价格信息、比较不同产品之间的功能差异。在一些其他情况下也可以将不同的数据组织成表格的形式。表格在横向或纵向的维度上能够以这些数据的某些共同属性作为"轴"，这样就能够一目了然地将数据呈现在页面上了。表格通常作为数据的容器可以盛放任何种类的内容，例如常常用于标题栏的文本、列表以及图片都可以放在表格中显示。图 5-6 中的表格就包含了不同的内容和风格。通过将图标摆放在每一行的上方，将背景设置为灰色的阴影，同时使用圆角的按钮等一系列不同的手段，使得这些互联网上的商业化网站更美观、更清晰、更易用。显然这些都是经过精心设计的页面布局，与在书中看到的用于教学的样例有很大的不同。建议大家平时多留意，取其所长为我所用。

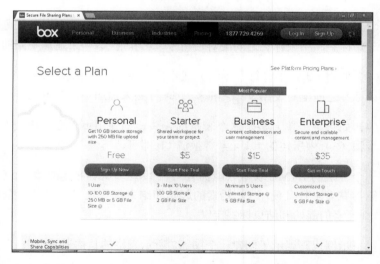

图5-6
box网站中用
于显示价格信
息的页面布局

需要注意的是，要避免将表格作为页面的整体布局形式。过去业界经常使用表格来创建一个多列的页面布局，但是如今推荐大家使用 CSS 来完成页面的布局工作（请参考第 7 章）。

5.3.1 基本表格结构

如图 5-7 所示，表格包括以下几个部分。

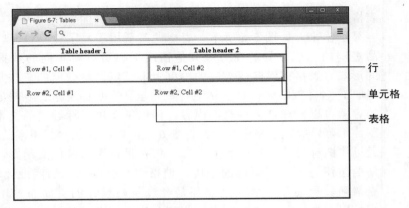

图5-7
表格的不同组
成部分

可以使用以下步骤来创建一个表格。

（1）使用 table 元素定义一个表格，当然，不要忘了配对使用结束标签 </table>。

（2）将表格划分成不同的行，每一行使用 tr 元素来定义。也就是说在表格的
起始标签和结束标签之间配对使用 <tr> 和 </tr> 来追加不同的行。

（3）使用 td 元素将每一行划分成不同的单元格。也就是说在行起始标签和结
束标签之间配对使用 <td> 和 </td> 标签来追加不同的单元格。

（4）如果某一单元格是这个表格的表头，则使用 th 元素来定义。也就是说把
步骤（3）中所述的 td 元素替换成 th 即可。

REMEMBER

一个合法的 HTML 表格只能拥有一组 table 元素的起始和结束标签，但是可
能拥有多个行（使用 tr 元素的起始和结束标签定义）以及多个单元格（使用
td 元素的起始和结束标签定义）。

以下示例代码展示了创建一个图 5-7 所示表格的具体语法细节。

```
<table>
   <tr>
     <th>Table header 1</th>
     <th>Table header 2</th>
   </tr>
```

```
<tr>
  <td>Row #1, Cell #1</td>
  <td>Row #1, Cell #2</td>
</tr>
<tr>
  <td>Row #2, Cell #1</td>
  <td>Row #2, Cell #2</td>
</tr>
</table>
```

需要注意的是，当已经决定了需要在一个表格中划分多少行和多少列的时候，不要忘记对每一行和每一个单元格都要配对使用它们的结束标签（`</tr>` 和 `</td>`）。

5.3.2 拉伸表格的行和列

来看一下图 5-8 中用于描述 Facebook 营收情况的表格。2011、2012、2013 年度的数据分别显示在不同的列中，这些列拥有相同的宽度。接下来关注总营收（Total Revenue）这一行，比较特殊的是这一行显示了一个被拉伸的单元格，拉伸后的效果是它横跨了多个列。

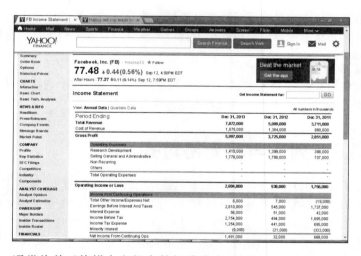

图5-8
一个拥有不同宽度的列的、用于显示公司营收信息的表格

通常将单元格横向和纵向的拉伸称为延展（spanning）。

colspan 属性将列横向扩大，扩大后的效果是横跨多个列。我们需要为 colspan 属性赋予一个整数值。这个值的含义是想让当前这一列横跨多少个标准列。横向延展的方向是从左到右。类似地，使用 rowspan 属性来将某一行纵向扩大，同样需要为 rowspan 属性赋予一个整数值。这个值的含义是想让当前这一行纵向跨越多少个标准行。

以下代码实现了图 5-8 所示的部分表格（省略了一些不重要的内容）。可以看到这部分代码使用了 colspan 属性将 Total Revenue 单元格横向延展，使其占据了两个标准行的宽度。这里使用 <strong> 标签"强调"重要的文本内容，这些内容将被浏览器显示为粗体字。

```
<tr>
  <td colspan="2">
     <strong>Total Revenue</strong>
  </td>
  <td>
     <strong>7,872,000</strong>
  </td>
  <td>
     <strong>5,089,000</strong>
  </td>
  <td>
     <strong>3,711,000</strong>
  </td>
</tr>
```

注意，如果为一个列或者行进行延展，使其在宽度或者长度上超过了它默认的尺寸，那么浏览器就会自动地为其填充额外的行或者列，显然这将改变表格的布局。

通常使用 CSS 来调整表格中行与列的尺寸，甚至是整个表格的各项尺寸都可以使用 CSS 来进行调整。具体细节请参考第 7 章。

5.3.3 列表与单元格对齐

最新版本的 HTML 并不支持接下来要介绍的标签和属性。虽然大家的浏览器或许可以正确地执行并显示这些程序，但是并不保证将来更新版本的浏览器还会一如既往地正确执行这些代码。这里介绍这些可能有点"过时"的内容是因为现在很多互联网上的网站（如 Yahoo Finance）还在用着这些"过时"的用法。这些代码就好像日常生活中常见的"不文明用语"：能看得懂，但最好不要用。正确的方法是如第 6 章所述，灵活使用层叠样式表（Cascading Style Sheets，CSS）来实现这些任务。

table 元素有 3 个"过时"的属性，它们分别是：align、width 和 border。这些属性的说明如表 5-1 所示。

表5-1   一些已经被CSS替代的table属性

属性名	可选值	描述
align	left、center、right	根据属性值来调整表格在其所处容器页面中的相对位置。例如 align="right" 将把当前表格位置调整到页面的右侧
width	pixels (#)、%	可以通过 width 属性将表格的宽度指定为一个绝对的像素数，也可以指定为当前浏览器窗口或者其所处的容器标签的宽度百分比
border	pixels (#)	表格边线的宽度，以像素为单位

以下代码展示了用于创建图 5-9 所示表格的程序语法，该代码运用了 align、width 和 border 属性。

```
<table align="right" width=50% border=1>
   <tr>
     <td>The Social Network</td>
     <td>Generation Like</td>
   </tr>
   <tr>
     <td>Tron</td>
   <td>War Games</td>
   </tr>
</table>
```

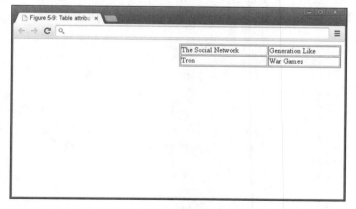

图5-9
使用"过时"
属性align、
width和
border来调
整风格的表格

注意：必须在起始标签（如 <table>）中添加属性，并且要对每一个赋予的值使用引号（这里讲的值是指那些文字型的值，如 "center" "right" 等）。

tr 元素有 2 个"过时"属性: align、valign, 其具体的解释如表 5-2 所示。

表5-2   一些被CSS替代了的表格行属性

属性名	可选值	描述
align	left、right、center、justify	根据属性值对每一行中的内容进行横向对齐。例如, align="right" 将每一行中的各个单元格中的内容右对齐
valign	top、middle、bottom	根据属性值对每一行中的内容进行纵向对齐。例如, align="bottom" 将每一行中的各个单元格中的内容向底部对齐

td 元素有 4 个"过时"属性: align、valign、width 和 height。其详细解释如表 5-3 所示。

表5-3   一些已经被CSS替代的单元格属性

属性名	可选值	描述
align	left、right、center、justify	根据属性值横向对齐单元格中的内容。例如, align="center" 将单元格中的内容横向居中对齐
valign	top、bottom、middle	根据属性值纵向对齐单元格中的内容。例如, align="middle" 将单元格中的内容纵向居中对齐
width	pixels (#)、%	以绝对像素数或表格整体宽度的百分比为基准设置一个单元格的宽度
height	pixels (#)、%	以绝对像素数或者表格整体高度为基准设置一个单元格的高度

以下代码展示了用于创建图 5-10 所示表格的具体程序语法, 这段程序中包含了对 align、valign、width 和 height 属性的运用。

```
<table align="right" width=50% border=1>
   <tr align="right" valign="bottom">
     <td height=100>The Social Network</td>
     <td>Generation Like</td>
   </tr>
   <tr>
     <td height=200 align="center" valign="middle">Tron</td>
     <td align="center" valign="top" width=20%>War Games</td>
   </tr>
</table>
```

WARNING

注意, 这些属性在最新版本的 HTML5 中已经不被支持了, 请不要在自己的程序中使用。

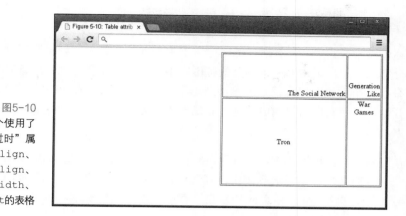

图5-10
一个使用了
"过时"属
性align、
valign、
width、
height的表格

5.4 灵活使用表单

HTML 表单通常用来为网站收集用户的输入。到现在为止，我介绍的 HTML 元素都是用来向用户展示信息的，而读取用户输入在网站的开发和应用过程中也是十分重要的，它使你可以完成以下任务。

» 在当前页面上修改已经存在的内容。例如，航空公司的网站上的价格和日期的筛选器会帮助用户迅速找到想要乘坐的航班。

» 保存用户输入以备后续使用。例如，一个网站可以使用一个注册专用表单去收集用户的邮件、用户名和密码信息，以便用户后续使用这些账户信息登录该网站。

5.4.1 理解表单的工作原理

表单把用户输入的信息传递给后台服务器的具体过程如下。

（1）浏览器在客户的计算机上显示一个表单。

（2）用户填写表单然后单击提交按钮。

（3）浏览器把客户输入的数据发送给后台服务器。

（4）服务器处理、保存这些数据后，给客户端浏览器发出响应。

（5）浏览器显示服务器发回的响应数据，通常这些数据用来表示本次用户提交是否成功。

回顾一下第 2 章中针对客户端和浏览器之间关系的说明。

上述步骤中（3）～（5）所述的"服务器收到并保存数据"如果展开讨论将会十分复杂，超出了本书应该涵盖的范围。不过至少现在我想大家应该对服务器端有了一个大致的概念，那就是服务器端通常使用 Python、PHP 或者 Ruby 来进行编程，而它们需要完成的任务就是接收、处理和保存客户端表单所提交的数据。

表单非常灵活，可以用来记录各种各样的用户输入信息。在表单中常用的输入项包括普通文本、单项选择按钮、复选框、下拉菜单、滑动条、日期组件、电话号码等，如表 5-4 所示。此外，在没有用户输入的情况下，也可以为表单的各个输入框设定默认值。

表5-4　　　常用的表单属性

属性名	可选值	描述
type	checkbox、email、submit、text、password、radio（完整内容请大家自行上网搜索，这里不再赘述）	用于定义表单中输入项的类型。例如，text 表示该输入项可接受的内容是一般文本，submit 通常用来创建一个提交按钮
value	text	输入项的默认初始值

大家可以在 W3Schools 网站查找到所有可选的 type 相关说明，同时可以查看示例代码以增进理解。

5.4.2　创建基本表单

创建一个基本的表单的步骤如下所示。

（1）使用 form 元素定义一个表单。当然，要配对使用开始标签 <form> 和结束标签和 </form>。

（2）为 action 属性赋值。这样，浏览器才会知道这个表单的数据将要提交到哪里。

需要注意的是，只能在开始标签中设定 action 属性。同时，为 action 属性赋予的值应该是一个 URL 地址，这个地址本质上是一个用于处理本次提交数据的服务器端脚本地址。当然这样说可能大家不能够完全理解，可以自行上网搜索一下关于 URL 和 CGI 程序的定义来进一步地理解。

（3）通过设定 method 属性来指定浏览器用何种方式把数据传递给后台服务器。

在 `<form>` 标签中为 method 属性赋值为 POST。通常这个属性的可选赋值为 GET 或 POST。这两种方式在技术上的区别显然已经超出了本书应该涵盖的范围。但是通常来讲，POST 主要用来保存和传送敏感的信息（如信用卡号等），而 GET 常常用来传递简单的、数量较少的信息（如航班列表数据）。

（4）使用 input 元素来定义一个用户输入项。通过这个输入项，用户可以输入、选择、指定具体的输入内容（输入项的类型可以是文本框、单选按钮、复选按钮等），然后随着用户的提交动作一起将数据发送给后台。

在表单的开始和结束标签之间（也就是 `<form>` 和 `</form>` 之间）可以插入多个 `<input>` 标签。

定义的表单最多只可以有一组开始和结束标签（也就是只能有一对 `<form>` 和 `</form>` 标签，不定义、多定义都不可以），而至少要有两组 `<input>` 标签，分别用来收集数据和提交数据。

（5）请在 `<input>` 标签中用 type 属性指定输入类型，例如 `<input type="text">` 用来显示一个文本输入框。

需要注意的是，`<input>` 标签没有对应的结束标签，这也是前文所述"永远不要忘了使用关闭标签来结尾"这一原则的另一个例外。这些例外情况被称为自关闭标签，在第 4 章中还有几个这样的示例。

（6）最后，需要创建一个 `<input>` 标签，并把 type 属性赋值为 submit。

以下代码示例展示了用于创建图 5-11 所示表单的代码语法细节。

```
<form action="mailto:nikhil.abraham@gmail.com" method="POST">
   <input type="text" value="Type a short message here">
   <input type="submit">
</form>
```

如果把 action 属性设置为 mailto，这意味着当前表单在提交时浏览器将自动启动当前计算机配置的默认电子邮件客户端（例如 Outlook 或者 Gmail 等）。如果你的浏览器没有配置如何响应 email 链接，那么这个表单就不能正常工作。通常表单是用来向服务器提交数据的，服务器收到了这些数据后会进行处理和保存。但如果将 action 设定为 mailto，那么用户输入的信息将被发送给用户的默认电子邮件客户端应用程序。

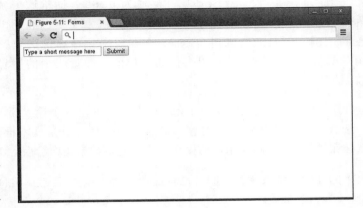

图5-11
只有一个输入项和一个提交按钮的简单表单

5.5 使用HTML做进一步的练习

如前面所述，可以使用 Codecademy 网站来进行 HTML 编程练习。Codecademy 网站是一个创始于 2011 年的、在不必安装任何额外软件的情况下只需一个浏览器就可以帮助用户学习编程的"利器"。用户可以通过以下步骤亲自动手实践本章所讲解的所有标签（如果有能力的话，可以自行做扩展学习，任何学到的新标签、新用法都可以在 Codecademy 网站上运行）。

（1）打开 Dummies 官网，单击页面上的 Codecademy 链接。

（2）使用 Codecademy 账户登录网站。

如何注册账户在第 3 章已经介绍过。创建一个账户的好处是它可以自动保存工作进度，但是没有账户也可以做练习。

（3）单击"HTML Basics II"来练习创建列表，单击"HTML Basics III"来练习创建表格。

（4）页面左上部显示的是背景信息，一些具体的操作指示显示在页面的左下部。

（5）在程序编辑框内完成操作指示中所提到的编程任务。随着程序的不断输入，这段程序的执行效果会自动显示出来。

（6）当完成操作指示中所提到的编程任务后，单击"Save and Submit Code"按钮。

如果正确地完成了操作指示中所提到的编程任务，页面上就会出现一个绿色的标志，接下来进入下一个练习。如果程序中有错误，那么将会显示警告信息，并列出明确的修改建议。如果遇到问题或者程序中存在个别无法解决的bug，那么可以单击"hint"获得提示、使用"Q&A Forum"以及在 Twitter 上 @Nikhilgabraham 向我提问，描述清楚遇到的问题，并在问题的最后添加 #codingFD。

第6章

使用CSS调整HTML风格

创造你自己的风格，让其独属于你自己，并能被他人认识。

——安娜·温图尔（Anna Wintour）

在前面内容我给大家展示了一些示例代码。遗憾的是，这些示例代码的运行效果看起来就好像上一个世纪的产物。如今的网站通常都有更漂亮的外观和更好的使用体验，这与我之前展示的页面效果大不相同。许多不同的内外部因素促成了这样的转变。比如，20 年前我们可能还在使用拨号调制解调器来建立互联网连接，而如今我们可能正在使用一个非常高速的网络连接以及一台更高性能的计算机。正是这些更高的网络带宽和更强的计算能力使得开发者可以编写更高级的代码以实现更炫酷的效果。

在这一章中我将介绍现在最新的 HTML 页面风格调整工具：层叠样式表（Cascading Style Sheets，CSS）。我将以 CSS 的程序结构作为本章的开头，接下来会介绍调整页面样式风格的具体做法。最后，我将解释如何在自己编写的网站上使用 CSS。

6.1 CSS的作用

CSS 比 HTML 内建的风格调整手段更加强大。如图 6-1 所示，左边是 Facebook 现在的外观；右边是没有 CSS 参与时的 Facebook 外观。如果没有 CSS，所有图片、文本都居左对齐，边线、阴影全部消失，文本也只剩下最基本的格式。

图6-1
左：有CSS
参与的
Facebook页
面的外观，
右：没有
CSS参与的
Facebook页
面的外观

CSS 可以调整所有页面上可见的元素风格，包括所有用来创建标题栏、段落、超链接、图片、列表和表格的标签。特别的是，CSS 可以调整以下风格。

» 文字尺寸、颜色、风格、字体和对齐。

» 超链接的颜色和风格。

» 图片的尺寸和对齐。

» 列表风格和分隔方式。

» 表格尺寸、阴影、边线和对齐。

REMEMBER

CSS 可以调整页面上显示的 HTML 元素的风格和位置。不过，有一些 HTML 元素是不可见的（如 <head>），这样的元素不是 CSS 可以控制的对象。

大家也许好奇，为什么针对 HTML 元素风格的调整要特意创造一门新的编程语言？为什么不在 HTML 原有内容的基础上扩充以实现同等功能？大概有以下 3 个原因。

» 历史原因。CSS 诞生于 HTML 问世的 4 年后。推出 CSS 的目的是为了了解广大开发者以及用户到底需要什么样的显示效果。当时，CSS 是否有用这一点并不明确，并且只有少数几个主要的浏览器支持它。因此，CSS 只是在 HTML 之外独立存在，这样开发者就可以只使用 HTML 来创建网站了（CSS 只是一个可选的选项，不喜欢的人可以不去用它）。

» 代码管理。最初，CSS 的一些功能与 HTML 重合。然而在 HTML 中调整 HTML 元素的风格会导致代码混乱无序。例如，使用 HTML 来指定一个特定的字体需要在每一个 <p> 标签中通过 font 属性来完成。为一个段落设定风格很简单，但是为一系列段落设定风格（或者为整个页面甚至是网站中的所有页面设定风格）这件事就没有那么美妙了。这时，CSS 的优势就体现出来了。CSS 可以只设定一次字体就能够把这个字体应用到所有段落上。这样的功能让广大开发者更加易于编写和维护代码。此外，CSS 将"调整内容的格式"这件事的实现与内容本身的实现分离，这一特殊优势让搜索引擎和其他一些类似的自动化网站能够更加容易地实现对那些动态生成内容的外观调整。

» 大家已经习惯如此了。现在数以万计的网页源代码使用了独立的 HTML 和 CSS，并且这个数字还在夜以继日地增长着。前面提到的两个原因使得 CSS 一开始为一门独立的语言。而它随着世界的变迁仍然能够保持"英雄本色"，我想这更是反映了广大开发者们的选择。正是广大开发者的编程习惯成就了 CSS 的编程风格。

6.2　CSS的程序结构

CSS 编程的目标是确保无论用户使用什么浏览器、什么计算机，他们所看到的网站都会有相同的风格。不过因为不同浏览器对 CSS 标准支持程度的细微差别，导致了在一些特定的情况下不同浏览器对同一个页面的显示还是会有一定的区别。不过这都是一些极特殊的情况，不必太在意。只要记住一点：CSS 的目标是让用户无论使用什么样的浏览器都会获得相同的使用体验。

大家可以使用任意浏览器来查看 CSS 对 HTML 文件进行风格调整后的外观，不过我还是强烈推荐下载并使用 Chrome 或 Firefox。

6.2.1　选择一个页面元素来调整风格

虽然 CSS 所支持的功能在不断地升级和演化，但是基本的语法却一直没有变。CSS 的本质是通过定义一组规则来为每一个符合规则的页面元素调整风格。这些规则通常使用如下方式编写。

```
selector {
  property: value;
}
```

CSS 规则通常包含以下 3 个部分。

» 选择器：用于选择一组想要调整风格的 HTML 元素。

» 属性：想要调整的元素风格名称，如字体、图片高度、颜色等。

» 值：想要设定的具体风格，例如，将颜色属性值设定为 red。

选择器用来把页面上的某一个或者某几个元素作为本次风格调整的对象。在 HTML 语法中，元素通常要使用尖括号来封装，但是 CSS 语法中的选择器不需要这样。通常选择器后只需一个空格，在空格的后面是一个左大括号 "{"，在左大括号的后面就是属性赋值的代码块了。完成对属性的赋值后，以一个右大括号 "}" 结束。通常要在左大括号后换行，而在右大括号前不必换行。这些换行的规则也只是为了让程序代码更加简洁易懂而已，因此这仅仅是一种业界默认的约定，并不是 CSS 语法的强制要求。大家完全可以把所有 CSS 代码写成一行，既不换行也不加空格。

在绝大部分键盘上，大括号的键位通常位于字母 P 的右侧。

接下来展示一个简单的用于调整一段特定 HTML 代码风格的 CSS 程序片段。首先展示的是 CSS 部分，接下来的是将这段 CSS 代码进行风格调整后的目标 HTML 代码。

CSS 代码如下。

```
h1 {
  font-family: cursive;
}
```

HTML 代码如下。

```
<h1>
  Largest IPOs in US History
</h1>
<ul>
  <li>2014: Alibaba - $20B</li>
  <li>2008: Visa - $18B</li>
</ul>
```

CSS 选择器会找到那些具有相同名称的 HTML 元素并调整它们的风格（在这个例子中是 <h1> 标签）。例如，在图 6-2 中标题"Largest IPOs in US History"是由 <h1> 标签定义的，因此它就成为了 CSS 选择器的选定对象，其字体被调整成了"Cursive"。

图6-2
CSS将h1标签
作为选定目标
来调整风格

REMEMBER

CSS 通常使用一个冒号来作为属性的赋值运算符，而在 HTML 中对属性赋值应该使用等号运算符。

TIP

图 6-2 展示的字体看起来并不是像程序中定义的那样显示为"Cursive"，这是因为"Cursive"只是一个字体家族的名称，并不是一个特定字体的名称。本章的稍后部分将具体介绍字体家族的概念。

6.2.2 为属性赋值

如前所述，CSS 语法要求 CSS 的属性赋值代码块要包含在一对大括号内。属性和值之间要使用冒号作为赋值运算符。而每一组赋值定义之后要有一个分号。属性赋值代码块通常叫作"定义块"。再来看一个拥有多组属性赋值的 CSS 程序片段，如下。

```
h1 {
    font-size: 15px;
    color: blue;
}
```

在这个例子中，CSS 调整了 h1 元素的风格。它把字体尺寸设定为 15px，文字颜色设置为蓝色。

TIP

通常，每一个定义（每一个属性赋值语句）都应该另起一行。此外，使用空格或 Tab 来分隔定义语句也能增加程序的可读性。使用这些分隔符并不会让浏览器速度变慢，但是它会增加程序的可读性。

6.2.3 "破解"喜爱网站的CSS代码

第 2 章修改了一个新闻网站的 HTML 代码。这一章将修改它的 CSS 部分。接下来了解一些 CSS 的规则。该例将使用 Chrome 浏览器通过以下步骤修改 Huffington Post 网站（或者任选一个网站）的 CSS 代码。

（1）使用 Chrome 浏览器访问最喜欢的新闻网站，最好是那种有好多标题的页面，如图 6-3 所示。

图6-3
Huffington
Post网站的
原貌

（2）将鼠标指针放在一个标题上，然后单击右键，在弹出菜单中选择"Inspect element"，如图 6-4 所示。

此时浏览器的底部将弹出一个窗口。

（3）单击窗口右侧的"Style"标签来查看那些应用在当前 HTML 元素上的 CSS 规则。

（4）使用 CSS 修改标题的颜色。为了实现这个目标，首先需要在 element. style 部分中找到其颜色属性。注意右侧标签中的 color 属性后有一个反映当前设定颜色的方框。单击这个方框，这样就可以在弹出的下拉式列表中选择想要的颜色了。选择一个新的颜色之后单击回车。

做了上述调整后，新的标题颜色就出现了，如图 6-5 所示。

TIP

如果 element.style 区域什么都没有显示，根本就找不到 color 属性，那你可以手动添加这个属性。单击 element.style 区域，此时光标闪烁，输入

color:purple。此后该标题就变成了紫色。

图6-4
用于调整
Huffington
Post网站风格
的CSS代码

图6-5
修改CSS中的
颜色定义将改
变页面的外观

可以使用 Chrome 浏览器的"Inspect element"功能来修改任意网站的 CSS。这一功能被称为开发者工具。现代的浏览器（如 Firefox、Safari、Opera 等）普遍都有这样的功能。

6.3 CSS的功能分工与选择器

虽然 CSS 一共包含了 150 多个属性，并且每个属性都有多个可选值，不过在如今的各大网站中常用的属性以及值只占了其中的一小部分。前面的内容针对自己喜爱的网站进行了一次非常规的"破解"，也就是改变了原版网站页面的标题栏；而这个看似非常规的行为恰恰就是 CSS 的一个最为常见的功能。其他常见的 CSS 功能具体如下。

» 改变字体大小、风格、字体种类并为文字添加许多装饰效果。

» 定制超链接的外观，包括文字颜色、背景色和状态。

» 添加背景图片，修改前景图片的显示风格。

6.3.1 "翩翩起舞"的文字：调整字体、颜色、风格、大小及装饰效果

CSS 支持对许多不同的 HTML 元素中定义的文字进行调整。最常用的文字相关的 CSS 属性如表 6-1 所示。我将在后续进一步解释这些属性和值的用法。

表6-1   常见的用于调整文字风格的CSS属性和值

属性名	可选值	描述
font-size	pixels (#px)、%、em (#em)	指定文字的大小。其单位可以是绝对的像素数（用 #px 表示），也可以是百分比，其含义是当前设定的文字大小与其容器元素的字体大小的比值。也可以是 #em，em 也是一个相对的数值，它是希望得到的字体大小与容器元素字体大小的比值。例如，font-size: 16px
color	name、十六进制编码 (hex code)、RGB 三元组 (rgb value)	设定文字的颜色。可选值分别为颜色名称（如 color: blue），十六进制编码（如 color: #0000FF）以及 RGB 三元组（如 color: rgb(0,0,255);）
font-style	normal、italic	设定文字是否显示为斜体（italic 是斜体字）
font-weight	normal、bold	设定文字是否显示为粗体（bold 是粗体字）
font-family	font name	设定文字的字体（如 font-family: "serif";）
text-decoration	none、underline、line-through	设定是否为文字添加下画线或者删除线（underline 是下画线，line-through 是删除线）

1. 设定字体大小

就像在常见的文本编辑器中设定字体大小一样，可以使用 CSS 的 font-size 属性来设置一段文字的字体大小。也可以通过其几种方式来设定字体的大小，最常见的是使用像素数。例如：

```
p {
  font-size: 16px;
}
```

在这个例子中，我使用了 p 选择器来为所有的段落文字设定一个固定的字体大小：16 像素。不过这样做有一个缺点，那就是：当用户为了增进网页的可读性、特地将浏览器的默认字体大小设定成了一个比 16 像素大的值时，在 CSS 中指定的像素数将会失效，浏览器最终将按照用户设定的字体大小来进行显示。

百分比和 em 值是设定字体大小时的另两个选择，通常认为这两种做法适应性更强。一般来说默认的浏览器字体大小是 16 像素。如果使用百分比或 em 值来设置字体大小，最终显示的字体大小将以用户设定的默认字体大小为基数缩放。例如，使用百分比设定字体大小的代码如下所示。

```
p {
  font-size: 150%;
}
```

在这个例子中，我使用了 p 选择器来设定所有段落中的文字为默认字体大小的 150%。如果浏览器的默认字体大小是 16 像素，段落中的文字将按照 24 像素来显示（16 × 150%）。

这里提到的字体大小的衡量单位是像素，也就是说 1 像素与所采用显示器中的一个物理像素是等价的。因此到底某像素的字体看起来有多大，这将取决于显示器有多大、分辨率有多大。所以对于一个固定像素数的字体，当调高显示分辨率时，这个字体看起来会更小。

2. 调整字体颜色

color 属性用于设定文字的颜色，同样有 3 种方法，具体如下。

» 使用颜色名称：有 147 种颜色名称可用。可以使用常见的颜色名称，如 black、blue 和 red。以及一些不常见的颜色名称，如 burlywood、lemon chiffon、thistle 和 rebeccapurple。

Rebecca Meyer 是著名的 CSS 标准创始人 Eric Meyer 之女。她在 2014 年因脑癌而夭折，去世时年仅 6 岁。作为大家对她过早离世的哀悼，CSS 标准化委员会批准在 CSS 的标准关键字中添加一种紫色的名称为"rebeccapurple"。几乎所有的主流浏览器支持这一颜色名称。

» 十六进制码：颜色可以使用红、绿、蓝 3 种颜色的色值来共同组成，还可以使用一个十六进制数来表示一种特定的颜色。当使用十六进制数来表达颜色时，就可以拥有超过 1600 万种颜色组成的色彩空间。在示例代码中我将 h1 标签中的文字颜色设定为 #FF0000。井号后的前 2 位数字（FF）是红色的色值，接下来的 2 位（00）是绿色的色值，最后 2 位（00）是蓝色的色值。

» RGB 元组：与用十六进制值表达颜色的方式类似，RGB 元组指定了红、绿、蓝 3 种颜色的色值。同样，这种方法也可以表示高达 1600 万种的颜色。只不过 RGB 采用的数值是十进制的，它与十六进制码中每一种颜色的十六进制值是对等的。

不必担心记不住那么多 RGB 值或者十六进制值。可以使用在线的颜色选择器来任意地通过鼠标单击选取相应的颜色值。

接下来的示例代码展示了这 3 种不同的颜色设定方法。

```
p {
  color: red
}
h1 {
  color: #FF0000
}
li {
  color: rgb(255,0,0)
}
```

li 是隶属于排序列表、乱序列表中的，用于定义每一个表项的元素。

上述程序中的 3 种不同的定义颜色的方法本质上都是将文字设定为红色。针对设定文字颜色时采用的第一种方法也就是名称法，可以浏览 W3C 网站中的颜色部分来查看所有可选的颜色名称。

3. 设定文字风格和笔画粗细

文字风格属性 font-style 可以将文字显示风格设定为斜体，笔画粗细属性 font-weight 可以将文字显示风格设定为粗体字。这两种属性的默认值都是 normal，这意味着如果不需要斜体或粗体显示，则完全没有必要对这两种属性做任何设定。在以下示例代码中，段落文字被设定成了斜体和粗体。

```
p {
  font-style: italics;
```

```
    font-weight: bold;
}
```

4. 设定字体

font-family 属性用于设定文字的显示字体。这个属性应该被设置为一个特定的字体名称或者由逗号分隔的多个字体名称。网站用户使用的计算机通常都预安装了多种不同的字体。CSS 指定的字体是否能正确显示出来取决于用户的计算机上是否安装过这种字体。

font-family 属性可以被设置为以下两种类型的值。

» 字体名称：指定字体的名称，如 Times New Roman、Arial 或 Courier。

» 字体家族名称：现代浏览器通常会为每个字体家族安装一个对应的字体。常见的 5 个字体家族如下。

- serif (Times New Roman、Palantino)。
- sans-serif (Helvetica、Verdana)。
- monospace (Courier、Andale Mono)。
- cursive (Comic Sans、Florence)。
- fantasy (Impact、Oldtown)。

当想要使用字体家族来设定字体时，最好同时在字体家族的后面定义 2 ～ 3 种特定的字体，把它作为一种备选措施，以便当用户的浏览器中没有安装某一种字体时仍然能够显示出应有的效果，如下所示。

```
p {
  font-family: "Times New Roman", Helvetica, serif;
}
```

在这个例子中，段落字体定义为 Times New Roman，如果 Times New Roman 在用户的计算机中没有安装，浏览器就会使用 Helvetica 字体。如果 Helvetica 也没有安装，浏览器就会使用 serif 字体家族中的任意一个已经安装了的字体。

注意，当设定的字体名称包含多个单词时，记住要用引号把这个字体名称括起来。

5. 设置文字装饰

`text-decoration` 属性用于设置文字的下画线或删除线。默认情况下这个属性值是 `none`，也就是说文字既不带下画线也不带删除线。当然这个默认值是不需要大家设置的，什么都不做的情况下它的值就是 `none`。在以下例子中，所有 h1 标签中的文字都带有下画线，而所有段落中的文字都带有删除线。

```
h1 {
    text-decoration: underline;
}
p {
    text-decoration: line-through;
}
```

6.3.2　定制超链接

通常情况下，浏览器将超链接显示为蓝色并且有下画线。这种默认行为的本意是为了区分页面上的一般文本和超链接，以减少用户的混淆。如今几乎所有网站都采用了自己独特的方式来定制超链接的外观。有些网站不使用下画线，而有些虽然有下画线但是颜色却不是蓝色等。

REMEMBER

HTML 的 a 标签是用来创建超链接的。位于 a 元素的起始标签和结束标签之间的文字是这个超链接的描述，a 标签的 `href` 属性的值则是这个超链接的具体链接目标地址。当用户单击这个超链接时，浏览器将会跳转到超链接指定的网页。

a 标签的功能经过了数次演变，如今有以下 4 种状态。

>> `link`：用户没有单击过的状态。

>> `visited`：用户单击过的状态。

>> `hover`：用户将鼠标指针悬停在超链接上，但是还没有单击。

>> `active`：用户已经开始单击这个超链接，但是鼠标按键还没有松开。

CSS 可以定制这 4 种状态的显示风格，最常用的属性和值如表 6-2 所示。

表6-2　　　　CSS用于调整超链接外观的属性和值

属性名	可选值	描述
color	颜色名称、十六进制值、RGB 元组	使用颜色名（如 color:blue;）、十六进制值（如 color: #0000FF;）、RGB 元组（如 color:rgb(0,0,255);）
text-decoration	none、underline	设定超链接描述文字是否使用下画线

下列的代码讲解了与 Wikipedia 网站类似的超链接风格（见图 6-6）。默认显示蓝色文字，鼠标指针悬停状态下显示下画线，选中还没有松开鼠标按键时显示橙色。当鼠标指针悬停在超链接"Chief Technology Officer of the United States"上时，它将出现下画线。另外当鼠标单击指向 Google 网站的超链接（但是还没有松开）时，其文字显示为橙色。

```
a:link{
    color: rgb(6,69,173);
    text-decoration: none;
}
a:visited {
    color: rgb(11,0,128)
}
a:hover {
    text-decoration: underline
}
a:active {
    color: rgb(250,167,0)
}
```

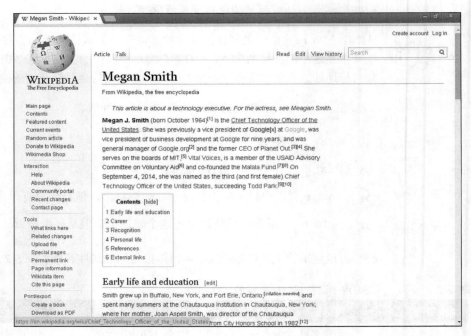

图6-6
Wikipedia网站上的超链接，每种状态都有不同的外观

REMEMBER

注意，不要忘记在选择器与超链接状态之间加冒号。

虽然深入地讲解每一个技术细节的缘由已经超出了本书的范围，但是针对超链接我还是想说明一下。CSS 的标准要求按照这段示例程序的顺序（link、visited、hover、active）来定义不同状态下超链接的外观，但是在程序中完全不写这几种状态也是可以的，因为 CSS 解释器会把这几种状态按顺序加上。

这几种超链接的状态被称为"伪类选择器"。伪类选择器给 CSS 选择器添加了一个关键字，并且可以针对元素的不同状态调整其显示风格。

6.3.3　添加背景图片和调整前景图片的风格

可以使用 CSS 在 HTML 元素的背后添加各种各样的背景图片。通常使用 background-image 属性来为各种不同的 HTML 元素添加背景图片，这些 HTML 元素可以是 div、table、p 或者 body（也就是整个页面）。

一般使用较小的图片作为背景图片，因为它比大图片的加载速度要快。这一点对于那些使用手机等移动设备访问的客户来说尤为重要，因为这些设备网络下载速度通常都比较慢。表 6-3 展示了用于添加背景图片的属性和值。

表6-3　　用于设置背景图片的属性和值

属性名	可选值	描述
background-image	url("*URL*")	添加背景图片，图片来自 URL 所指定的位置
background-size	auto、contain、cover、宽和高 (#px、%)	根据值设定背景图片的尺寸； auto（默认值），按照图片的原始尺寸显示； contain，调整图片的尺寸使得图片位于所在元素区域内； cover，使 HTML 元素遮挡住背景图片； 宽和高，以像素为基准或百分比为基准指定背景图片的具体宽和高
background-position	位置关键词或用数字表示的确切位置 (#px、%)	使用位置关键词或数值来定位背景图片 关键词包括水平位置和垂直位置关键词，它们分别是： 水平——left、right、center 垂直——top、center、bottom 也可以以像素或百分比为基准来确定背景图片的水平和垂直位置

属性名	可选值	描述
background-repeat	repeat、repeat-x、repeat-y、no-repeat	设置背景图片为自动重复显示或只显示一次。目的是为了在水平、垂直方向上通过重复显示多次来填满其所在的 HTML 元素的空间。repeat-x：水平方向重复填充；repeat-y：垂直方向重复填充；repeat：水平和垂直方向重复填充；no-repeat：只显示一次，不执行重复填充
background-attachment	scroll、fixed	设定背景图片与其所在的 HTML 元素一起滚动（scroll）或保持静止（fixed）

1. 添加背景图片

接下来的代码示例展示了 background-image 属性的功能。它既可以为某一个元素设定背景图片，也可以为整个页面设定背景图片。

```
body {
    background-image:
    url("http://upload.wikime****rg/wikipedia/commons/e/e5/Chrysler_
Building_Midtown_
        Manhattan_New_York_City_1932.jpg ");
}
```

可以在 Google、Flikr 这样的网站中找到很多可以用作背景图片的资源。

在使用在线图片资源以前，要注意首先应该根据图片的著作权信息来明确是否有权使用这幅图片。要遵守图片的著作权条款，这些条款会包含诸如图片的归属等内容。此外直接将图片的位置指向其他网站或服务器的做法叫作"热链接"（hotlinking）。我推荐大家还是先把这些图片下载到本地，然后在页面中引用那些位于本地服务器的图片。

相比那些背景图片，你可能更喜欢特定的颜色背景，那么可以使用 background-color 这个属性。这个属性的用法与 background-image 的用法差不多。只需要将其设定为一个颜色名称、RGB 元组或十六进制码即可，具体内容请参考 6.3.3 节。

2. 设定背景图片尺寸

background-size 属性允许用户以像素或者百分比为基准来指定背景图片的尺寸，从而达到放大或缩小背景图片的目的。此外，这个属性有 3 种常用的设置方式，如下所示。每种设置方式的效果如图 6-7 所示。

» `auto`：保持背景图片的原始尺寸。

» `contain`：自动调整图片尺寸，使其小于或等于其所属的 HTML 元素。

» `cover`：自动调整图片尺寸，使其大于或等于其所属的 HTML 元素。

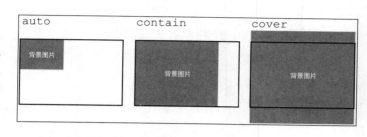

图6-7
background-size的3种不同取值所表现出的效果

3. 设定背景图片的位置

属性 `background-position` 用于设定背景图片的初始位置。默认的初始位置是页面的左上角或与特定的 HTML 元素位置保持一致。可以通过一组关键字或数值来设定背景图片的位置。

» 关键字：第一个关键字用于表示水平位置，如 `left`、`center`、`right`。第二个关键字用于表示垂直位置，如 `top`、`center`、`bottom`。

» 位置值：第一个值表示水平方向位置，第二个值表示垂直方向位置。每一个值以像素或百分比为基准，具体的含义是指与浏览器的左上角或特定 HTML 元素之间的距离。例如，`background-position:center center` 等价于 `background-position:50% 50%`，如图 6-8 所示。

4. 设定背景图片自动重复填充

`background-repeat` 属性用于设定背景图片将以何种方式来填充空白区域。

» `repeat`：将自动在水平和垂直两个方向上自动重复填充空白区域，直到填充满为止。

» `repeat-x`：将在水平方向上自动重复填充空白区域，直到水平方向填充满为止。

» `repeat-y`：将在垂直方向上自动重复填充空白区域，直到垂直方向上填充满为止。

» `no-repeat`：背景图片只显示一次，不执行自动填充。

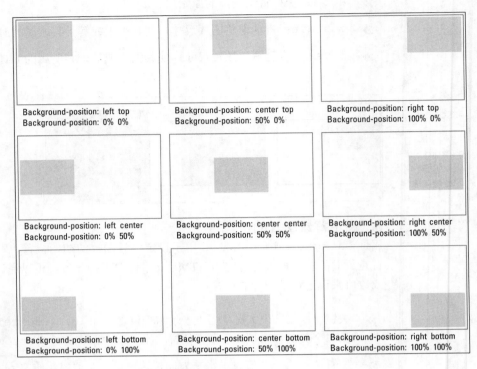

Background-position: left top
Background-position: 0% 0%

Background-position: center top
Background-position: 50% 0%

Background-position: right top
Background-position: 100% 0%

Background-position: left center
Background-position: 0% 50%

Background-position: center center
Background-position: 50% 50%

Background-position: right center
Background-position: 100% 50%

Background-position: left bottom
Background-position: 0% 100%

Background-position: center bottom
Background-position: 50% 100%

Background-position: right bottom
Background-position: 100% 100%

图6-8
使用关键词或
位置值来指定
背景图片的初
始位置

5. 设定背景图片与页面内容的联动关系

background-attachment 属性用来设定当用户滚动页面上的内容时,背景图片是随之移动还是固定不动。这个属性有两个可选值。

» scroll:当用户上下滚动页面时,背景图片也随之移动。

» fixed:当用户上下滚动页面时,背景图片保持静止。

下列示例代码片段使用了前面章节中介绍的几种不同属性来添加一个背景图片,这个背景图片被拉伸后铺满了整个页面区域。它居中显示、不执行重复填充并且不随内容滚动而移动,代码运行效果如图 6-9 所示。

```
body {
      background-image: url("http://upload.wikim****/wikipedia/
commons/thumb/a/a0/
      USMC-090807-M-8097K-022.jpg/640px-USMC-090807-M-8097K-022.
jpg");
    background-size: cover;
    background-position: center center;
```

```
    background-repeat: no-repeat;
    background-attachment: fixed;
}
```

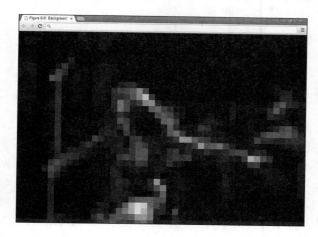

图6-9
一个作为背景
并填满整个页
面的图片

6.4 调出漂亮的外观

这一章介绍的几种CSS规则展示了一些最常用的、用于设定页面外观的属性和值。虽然大家也不可能一下子记住每一个知识点，但是至少已经自然而然地对这些内容建立起了一个初步的印象，在实际动手操作时如果遇到问题或者记不清楚的地方可以回过头去再看一看那些相关的内容。不断地尝试、思考与理解这些属性和值的含义和使用语法，最终掌握它们，并把它们灵活地应用在自己的程序中。

6.4.1 在HTML程序中添加CSS

将CSS的外观调整效果应用在网站的HTML代码上的方式有3种。

» 　将CSS片段嵌入HTML代码的某一行中。CSS片段可以存放于HTML语句的某一行中，产生的效果是CSS把这一行作为风格调整的目标。这种方法要求在HTML的某个起始标签中使用style属性。通常来说，由于CSS的规则一般会被重复地运用在不同的地方，因此这样做显然把CSS规则的应用范围人为地变窄了，所以我并不推荐这样做。以下是一个使用行内嵌入法编写CSS的例子。

```
<!DOCTYPE html>
<html>
<head>
  <title>Record IPOs</title>
</head>
<body>
  <h1 style="color: red;">Alibaba IPO expected to be biggest
IPO of all time</h1>
</body>
</html>
```

» CSS 程序片段作为一个完整的 HTML 标签被嵌入 HTML 代码中。通过
   这种方法，CSS 虽然也存放在 HTML 文件中，但是却与它的调整目标
   分离开来。CSS 程序片段位于一对 <style> 起始标签和结束标签之间，
   并且这一段 style 标签及其内容应该位于 <head> 起始标签和结束标
   签之间。这种做法通常使用在这样的使用场景下：这段 CSS 程序只为
   某一个页面服务，而不负责网站上其他页面的风格调整。在接下来的示
   例程序中，CSS 将页面的标题调整为红色，其功能和上面介绍的行内嵌
   入法相同。

```
<!DOCTYPE html>
<html>
<head>
 <title>Record IPOs</title>
 <style type="text/css">
  h1 {
      color: red;
  }
 </style>
</head>
<body>
  <h1>Alibaba IPO expected to be biggest IPO of all time</h1>
</body>
</html>
```

» 将 CSS 作为独立的文件单独存放。CSS 可以与 HTML 程序完全分离，
   作为一个独立的文件保存在服务器上。使用独立的 CSS 文件是我推荐
   的一种做法，因为这样做将使得 HTML 文件的维护更加容易，并且可
   以更加容易地更改任何一个页面的风格。如果将 CSS 存放在一个单独
   的文件中，那么只需要在 HTML 文件中使用 <link> 标签来引用这个
   CSS 文件的位置即可。这个标签有 3 个属性。

● href：用于指定 CSS 的文件名。

- rel：应该赋值为 stylesheet。

- type：应该赋值为 text/css。

注意，我所介绍的这 3 种不同的使用 CSS 调整 HTML 元素风格的方式，理论上可以同时进行进而产生相互矛盾的操作。例如，假设使用了行内嵌入法将 h1 元素中的文字颜色设置成了红色，而同时又使用了片段嵌入法将 h1 元素中的文字颜色设置成了蓝色，最后还使用了独立文件法将 h1 中的文字颜色设置成了绿色。显然这几种方法所执行的风格产生了冲突。当然现实中没有人会有意这么做，不过为了保证万一出现这种情况系统不会因此而出现意料之外的行为，CSS 规范为这几种方式设定了优先级。其中行内嵌入法享有最高的优先级。一旦这种做法出现，它将作为最终生效的结果。其次，片段嵌入法具有次高优先级。也就是说当系统中没有行内嵌入法存在时，片段嵌入法具有最高的优先级。当然如果行内嵌入法和片段嵌入法都不存在，那么系统将会采用独立文件法调整页面的风格。在这个例子中，这 3 种方式都存在，而最终 h1 元素中定义的文字将显示为红色。这是因为行内嵌入法享有最高的优先级，它的出现使得片段嵌入法中使用的蓝色、独立文件法中使用的绿色全部失效。

接下来的这个示例程序使用了一个独立的 CSS 文件将标题文字的颜色调整为红色，就像在前面两个示例中的效果一样。

CSS：style.css。

```
h1 {
    color: red;
}
```

HTML：index.html。

```
<DOCTYPE html>
<html>
<head>
 <title>Record IPOs</title>
 <link href="style.css" text="text/css" rel="stylesheet">
</head>
<body>
   <h1>Alibaba IPO expected to be biggest IPO of all time</h1>
</body>
</html>
```

6.4.2 编写第一个Web页面

现在使用 Codecademy 来实际演练一下编写 HTML 程序。Codecademy 是一个创建于 2011 年的、用于帮助用户学习仅仅使用浏览器就可以学习编程的免费网站，它不需要安装任何额外的程序。按照以下步骤演练本章介绍的所有标签的使用方法（当然可能不止这些，如果之前没讲过，大家可以上网查一查这些新标签的具体用法）。

（1）打开 Dummies 官网，单击 Codecademy 超链接。

（2）使用自己的账户登录 Codecademy 网站。

（3）关于登录有什么好处我在第 3 章中已经讲过了，创建一个账户可以帮助用户随时保存工作进度，但这不是必需的。

（4）找到并单击"Get started with HTML"。

（5）一些介绍性的背景信息在左上角显示，指示性的说明在左下角显示。

（6）按照指示完成程序编写工作。随着程序的不断输入，界面上能够实时地显示出程序运行的实际效果。

（7）如果按照指示完成了程序编写工作，请单击"Save and Submit code"按钮。

如果按照指示正确完成了编程任务，画面上就显示绿色的图标，这样就可以进入下一个练习了。如果编写的程序中有错误，那么就会显示警告以及建议的修正方案。如果遇到了问题或者出现了难以解决的 bug，可以通过单击"hint"、查询 Q&A Forum 或者在 Twitter 上 @Nikhilgabraham 的方式向我提问，详细描述遇到的问题，并在最后加上 #codingFD。

第7章

更进一步地活用CSS

设计不仅是它的外观和感觉，设计还是它的工作原理。

——史蒂夫·乔布斯（Steve Jobs）

在这一章里，我们将继续使用前面学到的知识来构建更高级的 CSS。到现在为止，我们学到的 CSS 规则被应用到了整个 Web 页面上。但是现在，它们将变得更加具体化。大家将学到如何调整那些之前没有提到的 HTML 元素风格，如何选择和调整页面上特定部分的格式。比如针对列表、表格和表单的整体风格调整，针对一篇文章中的第一段或者是一个表格的最后一行等局部风格的调整等。最后还将了解到那些专业的 Web 工程师是如何使用 CSS 及其所谓的"盒模型"来调整页面上元素的位置的。盒模型是一种相对高级的概念，即便没有掌握它也能够完成第 10 章将要介绍的 Web 应用。

在深入学习之前，首先要对 Web 应用的结构建立一个大体的印象：HTML 代码负责将内容放在页面上，CSS 在此基础上调整各个内容的位置和风格。与其说"死记硬背"那些 CSS 的规则，不如学好这一章来更深入地理解 CSS 的基本原理。CSS 选择器拥有那些可以修改 HTML 元素风格的属性和值。当然最好的学习编程方法就是实际动手做，所以在学习完这一章的所有知识点后，最好直接访问 Codecademy 网站实际动手编写一下该网站准备的练习。在做的同时，把这一章作为练习中遇到问题时的参考，边学边做，最终完全掌握 HTML+CSS 的编程技巧。

7.1 进一步调整HTML元素的风格

在这一节，我们将学会如何使用 CSS 来调整表格和列表的风格。在前面的章节中，我们学到的诸如 color 和 font-family 这样的 CSS 属性和规则可以应用在任何包含文字的 HTML 元素上。而接下来将要介绍的 CSS 属性和规则只能应用在列表、表格和表单上。

7.1.1 调整列表的风格

第 5 章介绍了排序列表，它的特点是表项以字母或者数字开头。此外，还介绍了乱序列表，它的特点是表项以特定的符号开头（如圆圈、方块等）。默认情况下，在排序列表中表项以数字开头（例如 1、2、3 等），在乱序列表中表项以实心圆圈（●）开头。

这些默认值并不适用于所有情况。在实际的 Web 开发工作中，最常用的调整列表风格的工作主要有以下两个。

» 修改列表项的开头符号：对于乱序列表，可以使用实心圆圈、空心圆圈或者方块。对于排序列表，可以使数字、罗马字（大写或小写）或者区分大小写的字母（大写或小写）。

» 为列表项开头符号指定一幅图片：可以不使用默认的列表项开头符号，使用自定义的符号。例如，创建了一个用于显示汉堡餐厅的乱序列表，完全可以不使用默认的实心圆圈，因为这样的符号实在太没有表现力了。可以使用那些彩色的、带有汉堡图案的图标来代替实心圆圈。

可以通过表 7-1 所示的属性，使用 ol 或 ul 选择器来修改列表的风格从而完成上述任务。

表7-1　　　　常见的用于调整列表风格的CSS属性和值

属性名	可选值	描述
list-style-type（用于乱序列表）	disc、circle、square、none	用于设置乱序列表中的列表项开头符号，可选值可以为 disc（●）、circle（o）、square（■）或没有
list-style-type（用于排序列表）	decimal、upper-roman、lower-roman、upper-alpha、lower-alpha	用于设置排序列表中的列表项开头符号，可选值分别是 decimal（如 1、2、3 等）、upper-roman（如 I、II、III 等）、lower-roman（如 i、ii、iii 等）、upper-alpha（如 A、B、C 等）、lower-alpha（如 a、b、c 等）
list-style-image	url("URL")	需要把 URL 设定为一幅图片的链接地址，这样就可以把这幅图片作为列表项的开头图标进行显示了

REMEMBER

CSS 选择器使用属性和规则来修改那些同名的 HTML 元素。例如图 7-1 所示的程序例子中，CSS 使用了 ul 选择器，它将选中 HTML 代码中的所有 <ul> 标签，并且在 ul 选择器中通过表 7-1 中列出的属性和规则来调整个列表的风格。

```
1  ⊟<html>
2  ⊟<head>
3   <title>Figure 7-1: Lists</title>
4  ⊟<style>
5   ul {
6       list-style-type: square;
7   }
8   ol {
9       list-style-type: upper-roman;
10  }
11
12  li {
13      font-size: 27px;
14  }
15  </style>
16  </head>
17 ⊟<body>
18  <h1>Ridesharing startups</h1>
19 ⊟<ul>
20      <li>Hailo: book a taxi on your phone</li>
21      <li>Lyft: request a peer to peer ride</li>
22      <li style="list-style-image: url('oar.png');">Uber: request a drivers for hire</li>
23  </ul>
24  <h1>Food startups</h1>
25 ⊟<ol>
26      <li>Grubhub: order takeout food online</li>
27      <li style="list-style-image: url('burger.png');">Blue Apron: subscribe to weekly meal
        delivery</li>
28      <li>Instacart: request groceries delivered the same day</li>
29  </ol>
30  </body>
31  </html>
```

图7-1
CSS的片段嵌
入法和行内嵌
入法

TIP

许多文字性的网站会用乱序列表来实现导航条，并且将列表项的开头符号设置为"none"，也就是没有开头符号。读者可以亲自动手完成 Codecademy 网站上的练习 21 中的 "CSS Positioning" 部分，通过这个练习可以亲身体会一下具体的列表外观如何调整。

CSS 的属性和值通常作用于 CSS 的选择器上，最终间接地修改了所选中的 HTML 元素的外观。在接下来的例子中，使用片段嵌入法（也就是 CSS 程序位于 HTML 程序中，并使用 <style> 标签作为起始和结束）和行内嵌入法（也就是 CSS 程序作为 HTML 标签的 style 属性进行定义）的 CSS 程序完成了以下任务。

» 使用 list-style-type 将乱序列表项的开头符号修改为方块。

» 使用 list-style-type 将排序列表项的开头符号修改为大写的罗马数字。

» 使用 list-style-image 将列表项的开头符号设置为一个图标。

下列程序与图 7-1 所示的相同。图 7-2 展示了这段程序在浏览器中的实际运行效果。

```
<html>
<head>
<title>Figure 7-1: Lists</title>
```

```
<style>
ul {
    list-style-type: square;
}

ol {
    list-style-type: upper-roman;
}
li {
    font-size: 27px;
}

</style>
</head>
<body>

<h1>Ridesharing startups</h1>
<ul>
    <li>Hailo: book a taxi on your phone</li>
    <li>Lyft: request a peer to peer ride</li>
    <li style="list-style-image: url('car.png');">Uber:hire a driver</
li>
</ul>

<h1>Food startups</h1>
<ol>
    <li>Grubhub: order takeout food online</li>
    <li style="list-style-image: url('burger.png');">Blue Apron:
subscribe to weekly meal
    delivery</li>
    <li>Instacart: request groceries delivered the same day</li>
</ol>
</body>
</html>
```

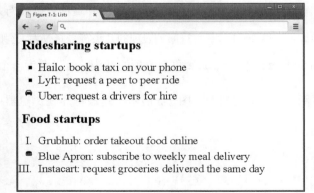

图7-2
修改排序列
表和乱序列
表中的表项
起始符号

如果自定义的列表项图标的高度超过了这个列表项的文字高度，那么文字在垂直方向上或许就不能与图标对齐了。为了解决这个问题，可以使用 font-size 来扩大列表项的字体尺寸。正如例子中的用法，使用 margin 属性来扩大列表项之间的距离。当然也可以将 list-style-type 设置为 none，然后使用 background-image 属性在 ul 元素上设置一个背景图片。

正如前文所述，有 3 种方法可用于组织 CSS：使用 HTML 标签中的 style 属性来定义的行内嵌入法；使用成对出现的 <style> 标签定义的片段嵌入法；将 CSS 存放在一个独立文件中的独立文件法。

7.1.2 重新设计表格

在第 5 章中，我们学习了如何创建一个基本的表格。默认情况下表格的宽度自动匹配其内容，每一个单元格中的内容居左对齐，表格没有边缘线。

显然这些默认的格式并不能满足大家对网页漂亮外观的追求。当然之前也介绍过几个"过时"的 HTML 属性，它们可以针对这些风格进行简单调整，但是由于最新的 HTML 标准不再支持这些属性，所以说不定从什么时候开始主流浏览器就不再支持这些属性了。那个时候再试图使用那些属性来调整页面风格，你将无法得到一个符合预期的运行结果。作为一个更加安全有效的替代方案，CSS 可以更加方便地控制表格的外观。CSS 最常用的调整表格外观的操作如下所示。

» 使用 width 属性调整表格整体、某一行或者某个单元格的宽度。

» 使用 text-align 属性对表格中的文字执行对齐操作。

» 使用 border 显示表格的边缘线，如表 7-2 所示。

表7-2　　用于调整表格外观的常见属性和值

属性名	可选值	描述
width	pixels (#px) 或 %	使用像素数或百分比（相对于浏览器整个窗口或父标签）为单位设定表格宽度
text-align	left、right、center、justify	根据设定值来调整表格内文字相对于表格的位置。例如，text-align="center" 将会把文字摆放在单元格的中间
border	width、style、color	需要为这一属性同时指定 3 个值，它们分别是宽度（width）、风格（style）、颜色（color）。这几种值必须严格按照以下顺序来排列：宽度（以像素为单位）、风格（可选值分别为 none、dotted、dashed、solid）和颜色（可以使用颜色名称、十六进制码或者 RGB 元组），例如 border: 1px solid red

在下列例子中，每一个单元格都比其中的文字宽，单元格中的文字居中显示，表头项使用的是表格整体的边缘线（而不是每一个单元格的边缘线）。

```
<html>
<head>
<title>Figure 7-2: Tables</title>
<style>
   table {
     width: 700px;
   }

   table, td {
     text-align: center;
     border: 1px solid black;
     border-collapse: collapse;
   }

</style>
</head>
<body>
 <SPiTable>
   <caption>Desktop browser market share (August 2014)</caption>
   <tr>
     <th>Source</th>
     <th>Chrome</th>
     <th>IE</th>
     <th>Firefox</th>
     <th>Safari</th>
     <th>Other</th>
   </tr>
   <tr>
     <td>StatCounter</td>
     <td>50%</td>
     <td>22%</td>
     <td>19%</td>
     <td>5%</td>
     <td>4%</td>
   </tr>
   <tr>
     <td>W3Counter</td>
     <td>38%</td>
     <td>21%</td>
     <td>16%</td>
     <td>16%</td>
     <td>9%</td>
   </tr>
```

```
</table>
</body>
</html>
```

TIP

HTML 标签 <caption> 和 CSS 属性 border-collapse 可以更进一步地调整表格的风格。<caption> 标签为表格添加了一个标题。虽然也可以使用 <h1> 标签来创建一个类似的效果，但是 <caption> 天然地与表格建立了联系。CSS 的 border-collapse 属性有两个可选值：separate 或 collapse。separate 将每个单元格的边缘线独立显示（如图 5-9 所示），而 collapse 则为相邻单元格合并显示边缘线，如图 7-3 所示。

图7-3
使用CSS调整
表格的宽度、
文字对齐和边
缘线风格

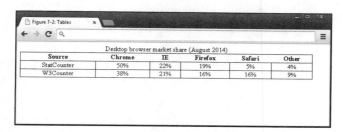

7.2 选择HTML对象以调整风格

大家现在看到的 CSS 程序片段的功能，实际上都是先定义一个选择器，然后将那些符合选择器选择标准的 HTML 元素作为目标进行风格调整。例如在图 7-3 中，table 和 td 选择器都有一个 text-align 属性，通过对它赋值，最终达到将单元格中文字居中显示的目的。根据内容的不同，显示风格也可能不同。例如想把表格中的第一行文字居中显示，但是后续所有行中的文字都想居左显示。实现这种需求通常有 2 种方法。

➤➤ 调整特定类型 HTML 元素的相对位置。

➤➤ 首先为想要调整风格的 HTML 元素命名，然后将名称作为选择依据，调整所有符合条件的 HTML 元素显示风格。

7.2.1 调整特定元素的风格

当针对特定元素进行风格调整时，最好能够把 HTML 元素看作一个具有层级关系的树状结构：有父节点、子节点和兄弟节点。在下面的示例中（如图 7-4 所示），树状结构以 html 元素作为根节点，它有 2 个子节点，分别是 head

和 body。head 节点有一个名为 title 的子节点，body 元素有 h1、ul 和 p 3 个子节点。最后 ul 元素有子节点 li，p 元素有子节点 a。图 7-4 展示了这段程序的实际运行结果，图 7-5 使用树状结构展示了这段代码的层级关系。可以看到，图 7-6 更加清晰地展示了每一个元素的层级关系，但是如果存在一对多的关系，则略去了重复的部分。例如，在这段程序的每一个 li 元素中都有一个 a 元素，在图 7-6 中 ul、li、a 这 3 种元素每一种只显示了一次。

```html
<html>
<head>
   <title>Figure 7-3: DOM</title>
</head>
<body>

<h1>Parody Tech Twitter Accounts</h1>
<ul>
   <li>
   <a href="http://twitte****/BoredElonMusk">Bored Elon Musk</a>
   </li>
   <li>
   <a href="http://twitte****/VinodColeslaw">Vinod Coleslaw</a>
   </li>
   <li>
   <a href="http://twitte****/Horse_ebooks">horse ebooks</a>
   </li>
</ul>
<h1>Parody Non-Tech Twitter Accounts</h1>
<p><a href="http://twitte****/SeinfeldToday">Modern Seinfeld</a></p>
<p><a href="http://twitt****/Lord_Voldemort7">Lord_Voldemort7</a></p>

</body>
</html>
```

图7-4
为一个具有树状结构的元素"家族"调整风格

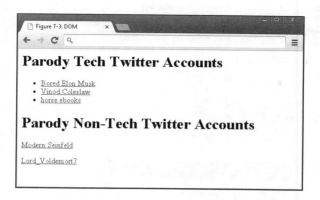

图7-5
上述代码的实
际执行效果

"Bored Elon Musk"是一个在 Twitter 上恶搞 Elon Musk 的账号。Elon Musk 是著名的 PayPal、特斯拉和 SpaceX 公司的创始人。"Vinod Coleslaw"是另一个在 Twitter 上恶搞 Vinod Khosla 的账号。Vinod Khosla 是 Sun 公司的联合创始人、著名投资人。"Horse ebooks"是一个垃圾邮件程序，现在已经成为了一种互联网现象。

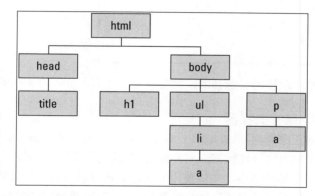

图7-6
上述示例程
序的树状结
构（或DOM
视图）

这里提到的 HTML 树状结构通常叫作文件对象模型（Document Object Model，DOM）。

1. 子标签选择器

上述 HTML 代码中"Parody Non-Tech Twitter Accounts"下面的 a 标签在从属关系上是 p 标签的直接子标签。如果只是想修改这个直接子标签，那么就可以使用子选择器，它可以选择指定标签的直接子标签。子标签选择器的声明语法是：首先列出父选择器，然后用一个大于号（>），最后是子选择器。

在以下的例子中，我们选中了 p 标签的直接子标签 a，之后针对 a 标签的说明文字将显示颜色调整为红色，并且取消了下画线。而"Parody Tech Twitter

Accounts"下面的两个 a 标签没有进行风格调整的原因是：它们属于 li 标签的直接子标签，不符合这里定义的选择规则（定义的选择规则是所有 p 标签的子标签，如图 7-7 所示）。

```
p > a {
    color: red;
    text-decoration: none;
}
```

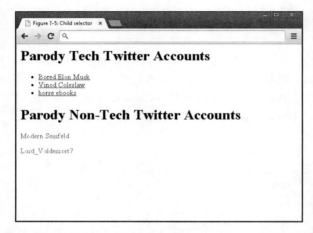

REMEMBER

注意，如果单纯地使用 a 选择器，则会影响到页面上所有的 a 标签。

2. "后代"标签选择器

还是以上面的程序为例，"Parody Tech Twitter Accounts"下面的几个 a 标签是乱序列表的后代标签，或者说它们被嵌套在了乱序列表中。如果想要调整这几个 a 标签的风格，可以使用后代标签选择器，它不仅仅选择某标签的直接子标签，同时其选择范围还将顺着树状结构延伸到所有嵌套定义并符合条件的标签上。后代标签选择器的定义语法是：首先列出父标签选择器，后接一个空格，最后是想要作为选择对象的后代标签选择器。

在以下的示例中，作为乱序列表的后代标签 a，所有 a 标签被选中，这些 a 标签将会使用蓝色字体并添加删除线，如图 7-8 所示。而"Parody Non-Tech Twitter Accounts"下面的几个 a 标签没有被选中，是因为它们不符合这里定义的选择规则（这里定义的选择规则是所有作为 ul 标签的类型为 a 的后代标签）。

```
ul a {
    color: blue;
```

```
        text-decoration: line-through;
    }
```

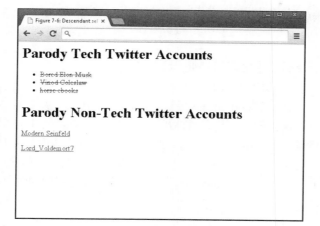

图7-8
作用于
"Parody
Tech Twitter
Accounts"
下面几个a标
签风格的后代
标签选择器的
实际运行效果

TIP

注意，还可以只调整列表中的第一项（例如上述例子中名为"Modern Seinfeld"
的 a 标签），或者只调整第二项（例如上述例子中名为"Vinod Coleslaw"的 a
标签）。大家如果对这些更加深入的高级用法感兴趣，可以访问 W3Schools 网
站，阅读关于 first-child 和 nth-child 选择器的说明。

7.2.2　为HTML元素命名

另一个调整特定元素风格的方法是对想要调整的对象命名。可以使用 id 或
class 属性来为特定的 HTML 元素命名，然后就可以在 CSS 中通过使用特定
的选择器来选中这些具有特定 id 和 class 名称的 HTML 元素。

1.　使用id属性命名HTML元素

可以使用 id 属性来调整页面上特定元素的风格。id 属性可以用来命名任意
HTML 元素，并且这个属性必须在元素的起始标签中定义。此外，每一个元素
只能有一个 id 属性值，并且这个属性值在整个 HTML 文件中只能出现一次。
当在 HTML 文件中定义了这个属性后，就可以在 CSS 中通过"# + id 值"的
方式来选中这个元素了。以下程序使用 id 属性选中了名为"Modern Seinfeld"
的 a 标签，并将其颜色设定为红色，同时指定黄色作为背景色。

HTML 程序：

```
<p><a href="http://twitt****/SeinfeldToday" id="jerry">Modern
Seinfeld</a></p>
```

CSS 程序：

```
#jerry {
    color: red;
    background-color: yellow;
}
```

2. 使用class属性命名HTML元素

也可以使用 class 属性来选中页面上的多个元素，并为它们调整风格。class
属性可以用来为任意 HTML 元素命名，它们通常被定义在某个 HTML 元素的起
始标签中。这个属性的值在整个 HTML 文件中不唯一。当在 HTML 文件中定义
了这个属性后就可以使用 ".＋ class 属性值" 的方式来选中当前 HTML 页面中
所有符合这一标准的元素。通过使用 class 属性，下述示例程序选中了所有位
于 "Parody Tech Twitter Accounts" 下面的 a 标签，并将它们的颜色调整为红色，
且无下画线。

HTML 程序：

```
<ul>
  <li>
  <a href="http://twitt****/BoredElonMusk" class="tech">Bored
Elon Musk</a>
  </li>
  <li>
  <a href="http://twitt****/VinodColeslaw" class="tech">Vinod
Coleslaw</a>
  <li>
  <li>
  <a href="http://twitt****/Horse_ebooks" class="tech">Horse
ebooks</a>
  </li>
</ul>
```

CSS 程序：

```
.tech {
    color: red;
    text-decoration: none;
}
```

我推荐大家主动使用搜索引擎（如 Google、百度等）来查找更加高级的 CSS 用法。
例如，当想要增加列表中的行间距时，就可以打开浏览器搜索 "CSS 列表项行
距"。之后搜索引擎就会给出一系列的相关链接（根据搜索引擎不同、搜索关键词
的不同，结果也可能不同）。可以通过阅读下面这些在线资源，达到学习的目的。

» W3Schools：面向初学者的教学网站。

» Stackoverflow：面向有经验开发者的技术讨论社区。

» Mozilla：最初由 Firefox 浏览器维护团队创建，现在由在线开发者社区维护的编程参考网站。

上面列出的每一个网站都是一个不错的编程学习"始发站"，你可以在这些网站上查找自己想要的答案，以及那些能够清楚地说明问题的示例程序。

7.3　调整HTML元素的对齐方式和布局方式

CSS 的功能不止局限于调整 HTML 元素的格式，它还能调整页面上元素的位置，这通常被称为页面布局。在 CSS 还没有出现之前，开发者通常采用 HTML 表格来创建页面布局。HTML 表格布局方式相对来讲更复杂，需要开发者编写很多程序才能完成一次简单的布局，并且还需要考虑在不同的浏览器上的显示效果一致性问题，这带给了开发者很多麻烦。CSS 的出现有效地解决了这一问题，它不再需要使用表格来创建 HTML 布局，减少了代码量，同时增加了页面布局的灵活性。

7.3.1　组织页面上的内容

在讨论详细的程序细节之前，来回顾一下图 7-9 所示的几种调整页面及其内容结构的方法。HTML 的页面布局方式在历史上也是经历了数次的演变，有一些布局方式可以在台式计算机上正确地显示，但是在移动设备上却无法正确显示。

图7-9
纵向和横向布
局的页面

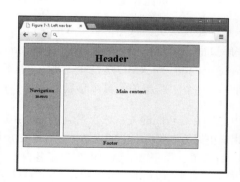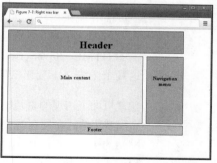

图7-9
纵向和横向
布局的页面
（续）

TIP

做任何一个页面的开发工作之前，首先要明确一点，那就是页面在桌面计算机、平板电脑以及移动设备上各自使用什么样的页面布局。

目前业内存在着数以百计的页面布局方式，每一种都各有特点。这里只列出了几种最常见的页面布局方式和应用这些页面布局方式的知名网站，图 7-10 展示了使用这些布局形式的知名网站。

图7-10
左：W3Schools
网站，右：
Hunter Walk网
站，它们使用了
左右平铺并带有
导航工具条式的
布局

TIP

左右平铺并带有导航工具条式的页面布局在移动设备上并不常见，或者说它不太适合用在移动设备上。顶部导航工具条式的页面布局经常用于桌面计算机和移动设备上，而底部导航工具条式的页面布局则通常用在移动设备上。

当页面导航条内出现的主题存在层级关系或者相互之间存在联系时，纵向导航布局有助于用户更好地理解页面上呈现出的内容。例如 W3Schools 网站的页面上的 HTML、JavaScript、Server Side 和 XML 这几个主题之间相互关联，而在这几个主题之下列出的则是与几个主题相关的具体话题。

如果页面上出现的主题相互之间存在较弱的关联性或完全无关的话，使用水平导航布局或菜单式布局有助于用户更好地浏览页面上的内容，如图 7-11 所示。例如 eBay 网站的主页上，摩托车、流行服饰、电子产品菜单中列出了各自不同种类的产品，而这些产品则是为购物需求完全不同的用户准备的，相互之间没有什么关联。

不必过于纠结到底使用何种页面布局更好。完全可以随便选一种，然后收集用户的体验，看他们是否能够快速、方便地找到自己想要的内容，如果用户普遍不喜欢使用当前的页面布局，再考虑去选择一个更好的布局。

图7-11
使用自顶向
下导航布局
的eBay网
站（左）和
MoMA网站
（右）

7.3.2　调整<div>标签外观

前文提到的页面布局本质上就是一组元素的集合。这些元素被放在一个由 <div> 标签开始和结束的组内。而 <div> 标签自身所形成的页面容器是一个矩形的区域。理论上讲上述所有的页面布局都可以使用 <div> 标签来实现。本质上 <div> 标签自身在页面上并不显示任何东西，它的职能是作为一个用于盛放诸如 HTML 标题、列表、表格或图片的容器。为了更加形象地理解 <div> 标签的功能，可以参考图 7-12 所示的 Codecademy 网站的主页效果。

图7-12
使用红框标
注<div>
显示区域的
Codecademy
网站首页

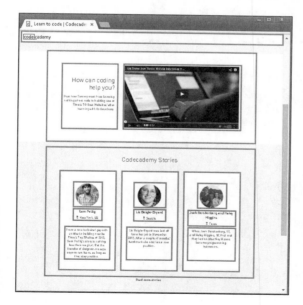

注意观察页面上的 3 个部分：顶部标题导航栏、页面中间显示的视频和页面底部显示的用户感言。<div> 标签通常用来划分这些主要的内容显示区域，另外，每一个使用 <div> 标签划分的显示区内还可以再次嵌套 <div> 标签，用于进一步为其中的图片和文字进行分组显示。

在以下的例子中，HTML 程序使用 <div> 标签创建了 2 个容器，同时使用 id 属性为每一个 <div> 标签命名。此外，CSS 为每一个 <div> 标签调整尺寸、设定颜色，如图 7-13 所示。

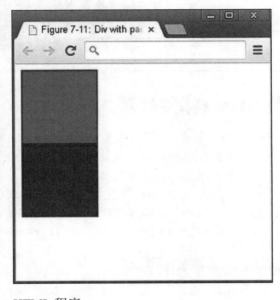

图7-13
使用HTML的
<div>标签创
建并使用CSS
调整风格的两
个矩形

HTML 程序：

```
<div id="first"/></div>
<div id="second"/></div>
```

CSS 程序：

```
div {
    height: 100px;
    width: 100px;
    border: 2px solid purple;
}

#first {
  background-color: red;
}
```

```
#second {
    background-color: blue;
}
```

7.3.3 深入理解盒模型

就像在上述示例中使用 <div> 标签创建的矩形一样，CSS 为页面上的每一个元素，甚至文本元素都创建了一个矩形区域。图 7-14 展示了一个用于图片的盒模型。这个图片中显示了一句话"This is an element."。这些所谓的"盒子"有时对于一般用户是不可见的，它们通常都由 4 个部分组成。

» 内容（content）：显示在浏览器上的 HTML 标签。

» 填充（padding）：在边缘和内容之间的可选区域。

» 边框（border）：用于标示填充的边缘，可以有不同的宽度，并且可以显示出来也可以不显示。

» 边界（margin）：边线周围可选的透明区域。

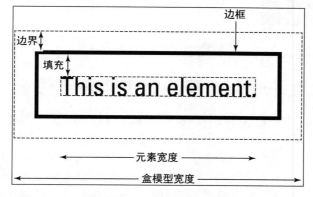

图7-14
img元素的盒
模型

TIP

使用 Chrome 浏览器打开喜爱的新闻网站，然后在一幅图片上单击鼠标右键并选择"Inspect Element"。此时，在浏览器主窗口右侧可以看到 3 个选项卡，单击"Computed"选项卡后就可以看到选中的图片所对应的盒模型了。它包括内容的长宽高以及填充、边框和边界的具体参数。

填充、边框和边界都是 CSS 的属性，它们的可选值通常都是以像素为单位的。以下的示例为每一个 <div> 标签添加了填充和边界，如图 7-15 所示。

```
div {
    height: 100px;
    width: 100px;
    border: 1px solid black;
    padding: 10px;
    margin: 10px;
}
```

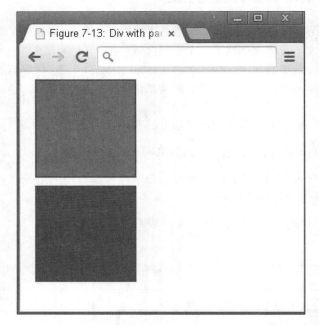

图7-15
为每一个
<div>标签添
加填充和边界

7.3.4　为每一个元素的盒模型设定位置

现在大家已经理解了如何为 HTML 的元素分组以及从 CSS 的视角来看 HTML
元素是个什么样子了。接下来将继续讨论如何设定这些元素在页面上的位置。
有很多种不同的手段可以调整页面的布局，如果要对这些手段做一个完整的
说明显然超出了本书的范围。例如，图 7-16 所示的页面布局可以通过 CSS 的
float 和 clear 属性来实现。这两种属性的说明如表 7-3 所示。

表7-3　　　　为调整页面布局选择CSS的属性和值

属性名	可选值	描述
float	left、right、none	将元素置于其容器的左侧或右侧。none 的意思是元素不使用浮动效果
clear	left、right、both、none	指定元素的哪一侧不允许出现浮动元素

如果已经指定了一个元素的宽度，那么float属性允许那些本来要在不同行显示的元素在一行之内并排显示，如导航条和内容窗口。clear属性用于防止在当前元素的一侧或两侧出现其他元素，这个属性通常用在页脚元素上。在调整对象为页脚元素时，它的值通常设置为both，这样页脚元素就会被放置在页面所有其他元素的下方。

下列示例程序使用<div>标签、float和clear属性创建了一个简单的具有左侧导航条的页面布局，如图7-16所示。一般来说，在使用<div>标签来为内容分组之后，就要使用class或id属性为每一个<div>标签命名，最后在CSS中为这些<div>标签调整风格。该程序比较长，因此需要对它进行一定的分解说明。

》 CSS代码片段被嵌入以<style>开始和结束的片段内，HTML代码片段被嵌入以<body>开始和结束的片段内。

》 在以<body>开始和结束的片段内，<div>标签将页面划分成4部分：标题栏、导航条、内容和页脚。

》 使用乱序列表创建导航菜单，该导航菜单居左对齐，不显示列表项起始符号。

》 使用CSS调整<div>标签的尺寸、颜色和对齐方式。

》 使用CSS属性float、clear将导航条居左显示，页脚显示在页面底部。

```
<!DOCTYPE html>
<html>
<head>
```

```html
<title>Figure 7-14: Layout</title>
<style>
  #header{
    background-color: #FF8C8C;
    border: 1px solid black;
    padding: 5px;
    margin: 5px;
    text-align: center;
  }

  #navbar {
    background-color: #00E0FF;
    height: 200px;
    width: 100px;
    float: left;
    border: 1px solid black;
    padding: 5px;
    margin: 5px;
    text-align: left;
  }

  #content {
    background-color: #EEEEEE;
    height: 200px;
    width: 412px;
    float: left;
    border: 1px solid black;
    padding: 5px;
    margin: 5px;
    text-align: center;
  }

  #footer{
    background-color: #FFBD47;
    clear: both;
    text-align: center;
    border: 1px solid black;
    padding: 5px;
    margin: 5px;
  }
  ul {
    list-style-type: none;
    line-height: 25px;
    padding: 0px;
  }

 </style>
</head>
```

```
<body>
<div id="header"><h1>Nik's Tapas Restaurant</h1></div>

<div id="navbar">
 <ul>
   <li>About us</li>
   <li>Reservations</li>
   <li>Menus</li>
   <li>Gallery</li>
   <li>Events</li>
   <li>Catering</li>
   <li>Press</li>
 </ul>
</div>

<div id="content"><img src="food.jpg" alt="Nik's Tapas"></div>

<div id="footer">Copyright &copy; Nik's Tapas</div>
</body>
</html>
```

7.4　使用高级的CSS编程技巧

可以使用 Codecademy 在线练习 CSS 编程技巧。Codecademy 是一个创始于 2011 年的、用于帮助大家仅使用浏览器就可以学习编程的免费网站，不需要安装任何额外的程序。可以按照以下步骤演练本章介绍的所有 CSS 功能的使用方法（当然可能不止这些，如果之前没讲过，大家可以上网查一查这些新内容的具体用法）。

（1）打开 Dummies 网站，单击 Codecademy 超链接。

（2）使用自己的账户登录 Codecademy 网站。

关于登录有什么好处我在第 3 章中已经讲过了，创建一个账户可以帮助大家随时保存工作进度，但登录不是必需的。

（3）找到并单击 "CSS"，这里包含了几个主题，它们分别是总览、CSS 选择器和 CSS 位置调整。大家可以通过实际演练来学会如何使用 CSS 调整页面风格、调整元素位置等常见功能。

（4）一些介绍性的背景信息在页面左上角显示，指示性的说明在页面左下角显示。

（5）按照指示完成程序编写工作。随着程序的不断输入，画面上能够实时地显示出程序运行的实际效果。

（6）如果按照指示完成了程序编写工作，请单击"Save and Submit code"按钮。

如果按照指示正确完成了编程任务，画面上就显示绿色的图标，这样就可以进入下一个练习了。如果编写的程序中有错误，那么就会显示一个警告和一个建议的修正方案。如果遇到了问题或者出现了难以解决的 bug，可以通过单击"hint"、查询 Q&A Forum 或者在 Twitter 上通过 @Nikhilgabraham 的方式向我提问，详细描述遇到的问题，并在最后加上 #codingFD 标签。

第8章

灵活使用编程利器——Bootstrap

对我而言，速度提供了真正的现代乐趣。

——阿道司·赫胥黎（Aldous Huxley）

Twitter 公司开发的 Bootstrap 是一个可以快速构建 Web 页面的免费工具包，使用它开发 Web 页面的好处之一是可以保持外观的一致性。在 2011 年，两位分别名叫 Mark Otto 和 Jacob Thornton 的 Twitter 工程师在公司内部完成了 Bootstrap 的开发工作。此后不久，他们就把 Bootstrap 向全世界公开发布了。在 Bootstrap 问世之前，世界各地的开发者不得不手动开发各种各样的页面基本组件，这个工作枯燥且重复。而更令人沮丧的是，每次开发的这些简单的基本组件，多多少少都会有些不同，这也造成了时间和效率的浪费。如今 Bootstrap 已经成为世界上最流行的 Web 页面开发工具包之一，广泛应用在 NASA、Newsweek 等知名网站上。大家只要了解一点点 HTML 和 CSS 的基础知识，就能够在自己的项目中灵活地使用 Bootstrap 的页面布局、内置元素等强大功能。

在这一章中，我将向大家介绍 Bootstrap 的功能以及如何去使用它。同时我还会向大家介绍如何使用 Bootstrap 快速、便捷地创建各种各样的页面布局和风格迥异的页面元素。

8.1 Bootstrap的作用

假设你是《华盛顿邮报》的一名在线网站页面布局开发工程师，现在接到任务要将纸质版本的报纸首页（如图 8-1 所示）以 Web 页面的形式实现出来。纸质的报纸通常会在标题、说明、署名等部分分别使用相同的字体大小、字体类型。通常报社也会有固定的几种页面布局，供某一天的出版内容在定稿前选用。这些常用的页面布局通常都会包括一个位于页面顶部的标题栏，并配以大幅插图。

图8-1
2013年6月7
日的《华盛顿
邮报》头版

开发者可以在每天的开发工作中不断地从头开始定义字体类型、大小、段落布局等。然而也可以使用一种更简单、高效的做法：将这些页面风格相关的内容提前在 CSS 文件中定义好，并为这些格式定义都冠以一个特定的类名。当需要这些风格的时候，就可以通过名称来引用它们。实际上我说的这些，就是 Bootstrap 的功能。

Bootstrap 本质上就是一组标准化、预定义的 HTML、CSS 和 JavaScript 程序的集合，可以通过类名来使用它们（关于类名的内容，请大家回顾第 7 章内容），并且也可以在必要的时候定制它们。Bootstrap 可以提供以下功能。

» 页面布局：使用网格形式定义和组织页面内容和元素。

» 组件：可以使用 Bootstrap 内置的按钮、菜单以及图标，这些组件的质量可靠、性能优越、外观漂亮，已经被无数的用户使用并测试过。

» 广泛兼容桌面计算机和移动设备：这显然是广大开发者的福音。尤其是那些对跨设备兼容十分关注的开发者，Bootstrap 帮助他们有效地解决了问题。开发者通常为了同时支持不同的画面尺寸需要开发许多兼容性相关的程序。Bootstrap 在这个方面早已经想你之所想，通过一种高度兼容、高度优化的方式完美地解决了这一问题，如图 8-2 所示。

» 跨浏览器兼容：目前主流的浏览器如 Chrome、Firefox、Safari、Internet Explorer 等在显示某些 HTML 元素和 CSS 属性时多多少少地都存在一些差异。Bootstrap 有效地屏蔽了浏览器的差异，使用 Bootstrap 编写的 Web 页面具有良好的兼容性，无论使用什么浏览器都能够提供一致的外观。

图8-2
使用
Bootstrap开
发的"Angry
Birds Star
Wars"页
面，广泛支持
桌面浏览器、
平板电脑和
移动设备

8.2 安装Bootstrap

可以通过以下 2 个步骤完成 Bootstrap 的安装和向 HTML 页面中导入 Bootstrap 的操作。

（1）在以 <head> 开始和结束的片段中之间加入以下代码。

```
<link rel="stylesheet" href="http://maxc****pcdn.com/
        bootstrap/3.2.0/css/bootstrap.min.css">
```

<link> 标签指向了 3.2.0 版本 Bootstrap 的 CSS 源文件。这个文件的位置是在网络上，所以为了让它能够正常工作，首先要确保计算机能够正常连接网络。

（2）在使用 </body> 标签结束整个 HTML 文件之前，要加入以下几行代码。

```
<!--jQuery (needed for Bootstrap's JavaScript plugins) -->
<script  src="http://ajax.goog****m/ajax/libs/jQuery/1.11.1/
            jQuery.min.js"></script>
<!--Bootstrap JavaScript plugin file -->
<script  src="http://maxcdn.bootstr****m/bootstrap/3.2.0/js/
            bootstrap.min.js"></script>
```

第一个 <script> 标签引用了一个名为 jQuery 的 JavaScript 程序库。JavaScript 相关的内容将在第 9 章向大家介绍。虽然到目前为止还没有介绍 jQuery，但是可以姑且认为 jQuery 简化了使用 JavaScript 需要完成的一些常见操作。第二个 <script> 标签引用了 Bootstrap 程序库中的 JavaScript 插件，这个插件的功能包括诸如下拉列表之类的动态效果。如果能够提前确定在页面中不使用任何动态效果，那就可以不引用这个插件。

Bootstrap 允许广大用户无偿地将其用在个人以及商业用途之中，只是需要在页面中包括 Bootstrap 的授权说明以及著作权提示。

如果计算机不能正常地访问网络，也可以将 Bootstrap 的这几个 CSS 和 JavaScript 源文件下载到本地。首先下载它们的 zip 压缩包，然后将其解压，使用 <link> 和 <script> 标签引用这几个本地文件，当然所使用的路径也是本地路径。也可以在 Bootstrap 网站下载这些文件，并参考更详细的使用指南以及各种简单的示例程序。

8.3 掌握Bootstrap的页面布局选项

Bootstrap 可以快速、便捷地使用其内置的网格系统来组织页面上的各种内容。当使用它的网格系统时，用户有以下 3 个选择。

» 自行编程。当对网格的原理有了一定的了解后，用户就可以自行编写程序，创建任意想要的页面布局了。

>> 使用 Bootstrap 的专用布局编辑器。除了在文本编辑器中编写代码，还可以通过拖曳组合的方式将页面的组件和元素放置在页面上形成一个可视化的设计方案，然后编辑器会自动生成 Bootstrap 代码。最终用户就可以下载并使用这些代码了。

>> 使用一个内置的主题风格。可以下载那些免费的 Bootstrap 主题或者购买一些付费版本的 Bootstrap 页面主题，只需要在这些页面主题的框架下填充自己的内容即可。

8.3.1 网格系统原理

Bootstrap 将整个屏幕划分成了 12 个等宽列。这些列通常都遵循以下规则。

>> 所有列的宽度之和必须等于原始的 12 个等宽列的宽度和。可以使用一个具有 12 列宽的超宽列，也可以使用 12 个具有基本列宽的普通列，或者那个宽度大于 1 列并小于 12 列的中等宽度的列。

>> 每个列都可以容纳各类内容甚至是空白区域。例如可以使用一个 4 列宽的区域容纳一些内容，此后安排一个 4 列宽的空白区域，最后又是一个 4 列宽的区域容纳另外一些内容。

>> 除非专门进行指定，否则这些列会在屏幕尺寸变小时（例如在移动设备上运行时）自动收缩成一列；会在屏幕尺寸变大时（例如在便携式计算机或台式计算机的屏幕上）水平延展，如图 8-3 所示。

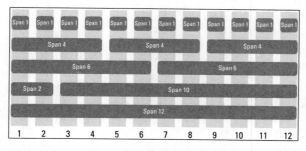

图8-3
Bootstrap的
几种布局示例

至此大家对于这些页面布局在屏幕上将如何呈现已经有了一个初步的认识，接下来看一个用于生成这些页面布局的简单示例程序。创建一个任意的页面布局的步骤如下。

（1）创建一个包含属性 class="container" 的 <div> 标签。

（2）在 <div> 的起始标签后，创建一个嵌套的、包含 class="row" 属性的

子 `<div>` 标签。

（3）对于每一个想创建的列，再创建一个包含 `class="col-md-X"` 属性的 `<div>` 标签。这里的 X 是指这一个列的宽度应该是几个标准单位列宽。

例如，为了创建一个横向占据 4 个标准列宽的行，可以这样编写：`<div class="col-md-4">`。"md" 的意思是这个列宽适用于像台式计算机这样的大尺寸显示器。接下来介绍针对其他类型的设备该如何设置。

必须在页面的开头加入 `<div class="container">` 这个标签，当然还要有一个 `</div>` 结束标签和它配对。如果忘记了结束标签，整个画面就会显示不正常。

下列程序创建了一个简单的 3 列居中显示的页面布局。该程序的运行结果如图 8-4 所示。

```
<div class="container">
 <!-- Example row of columns -->
 <div class="row">
  <div class="col-md-4">
    <h2>Heading</h2>
    <p>Lorem ipsum dolor sit amet, consectetur adipisicing elit,
            sed do eiusmod tempor incididunt ut labore et dolore
            magna aliqua. Ut enim ad minim veniam, quis nostrud
            exercitation ullamco laboris nisi ut aliquip ex ea
            commodo consequat.
  </p>
  </div>
  <div class="col-md-4">
    <h2>Heading</h2>
     <p>Lorem ipsum dolor sit amet, consectetur adipisicing elit, sed
            do eiusmod tempor incididunt ut labore et dolore magna
            aliqua. Ut enim ad minim veniam, quis nostrud exercitation
            ullamco laboris nisi ut aliquip ex ea commodo consequat.
  </p>
  </div>
  <div class="col-md-4">
    <h2>Heading</h2>
    <p>Lorem ipsum dolor sit amet, consectetur adipisicing elit,
            sed do eiusmod tempor incididunt ut labore et dolore
            magna aliqua. Ut enim ad minim veniam, quis nostrud
            exercitation ullamco laboris nisi ut aliquip ex ea commodo
            consequat.
```

```
      </p>
     </div>
    </div>
   </div>
```

图8-4
使用
Bootstrap创
建的3列布
局,左边是台
式计算机上的
显示效果,右
边是移动设备
上的显示效果

 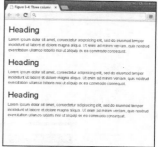

接下来看另一个例子,即大家经常使用的 Codecademy 网站。打开这个网站后大家可以调整浏览器窗口的大小来查看页面显示的效果。当把浏览器窗口调小时,本来横向平铺的各个列会自动地变成上下层叠,显然这样在小窗口模式时会更加容易阅读。并且,上下层叠显示的各个列会自动居中显示。显然这些都是 Bootstrap 的功劳,如果没有它,开发者需要编写大量的代码去实现这一效果。

TECHNICAL STUFF

大家可能已经注意到了上述示例中的内容 "Lorem ipsum",我想应该没人看得懂吧! 这些是专门用来随意填充页面空间的文本,它们与页面上的内容没什么联系,只是用来测试页面布局、字体等的效果是否能够正常显示而已。如果大家非要追问这些内容的来源的话,我可以告诉大家:它们是由古罗马政治家 Cicero 在公元前 1 世纪撰写的文章。可以在 Lipsum 或 Socialgoodipsum 这样的网站找到更多类似的内容,用它们作为填充文本来测试自己的网站是否显示正常。

8.3.2 "傻瓜式"拖曳法创建页面布局

看过上面的代码之后,我想很多人都想找一个不用手动敲这些代码就能够自动生成它们的手段,这样才能彻底地摆脱辛苦的编码工作。下面几个流行的 Bootstrap 专用编辑器可以仅通过鼠标拖曳就能创建一个页面布局的框架,然后用鼠标轻轻一点就能够自动生成这个页面布局框架的代码。

常见的 Bootstrap 编辑器如下所示。

» Layoutit：如图 8-5 所示，这是一个免费的在线 Bootstrap 编辑器。它支持拖曳操作，此后可以下载自动生成的源代码。

» Jetstrap：这是一个付费的 Bootstrap 编辑器，当然它也完美支持拖曳操作。

» Pingendo：可以免费下载的 Bootstrap 编辑器，可以在计算机上安装后使用。毫无疑问，拖曳操作是看家本领。

» Bootply：免费的 Bootstrap 编辑器，内置了许多可修改的模板。

图8-5
可以使用拖曳操作的
Layoutit在线
Bootstrap编辑器

TIP

这些网站很多都是免费的，当然稳定性没有那么高，有的时候会毫无征兆地停止工作。可以通过在搜索引擎上查找"Bootstrap 编辑器"这个关键词来寻找更理想的自动化工具。

8.3.3 使用预先定义好的模板

在很多网站上都可以找到各种各样的 Bootstrap 主题，只需要使用这些主题并添加自己的内容即可创建一个页面布局。当然，如果仍然觉得不满意，还可以自行定制它们。下面列出了几个常见的网站，它们都准备了大量的页面主题供用户使用。

» **Blacktie**：如图 8-6 所示，它提供了许多免费的 Bootstrap 主题。这些主题都是由同一个设计师创建的。

» **Bootstrapzero**：提供了一组免费的、开源的 Bootstrap 模板。

» **Bootswatch 和 Bootsnipp**：提供了许多预定义的 Bootstrap 组件，可以把它们用在自己的网站上。

» **WrapBootstrap**：它是一个付费网站，可以购买它所提供的 Bootstrap 模板。

图8-6
Blacktie提供的单页版Bootstrap模板

注意，虽然某些 Bootstrap 主题是免费的，但是它很可能有著作权许可条款。著作权所有人可能要求共享最终成果的归属权。

8.3.4 为移动设备、平板电脑和台式计算机适配页面布局

在小尺寸的屏幕上，Bootstrap 会自动地将创建好的列布局从横向平铺调整为纵向层叠。如果不喜欢 Bootstrap 的这些默认动作的话，用户也可试着自行定制它们在不同尺寸屏幕上的布局。可以为这样 4 种不同尺寸的设备屏幕做适配：智能手机、平板电脑、台式计算机和大型台式计算机。如表 8-1 所示，Bootstrap 使用不同的类前缀去定义不同的设备。

表8-1　　　　针对不同尺寸屏幕的Bootstrap代码

	智能手机（<768px）	平板电脑 （≥768px）	台式计算机 （≥992px）	大型台式计算机 （≥1200px）
类前缀	col-sx-	col-sm-	col-md-	col-lg-
容器最大宽度	None（自动）	750px	970px	1170px
最大列宽度	自动	62px	81px	97px

如表 8-1 所示，如果想要在平板电脑、台式计算机和大型台式计算机上显示 2 个相等宽度的列，可以按照以下示例那样使用类名：col-sm-。

```
<div class="container">
 <div class="row">
  <div class="col-sm-6">Column 1</div>
  <div class="col-sm-6">Column 2</div>
 </div>
</div>
```

观察这段代码在这 3 种设备上的具体显示效果，现在打算在台式计算机上采取不同的显示形式：左侧列的宽度要缩小为右侧列宽度的一半。可以这样调整代码：首先定义一个类名为 col-sm- 的列，此后再定义一个类名为 col-md- 的列，如下所示。

```
<div class="container">
 <div class="row">
  <div class="col-sm-6 col-md-4">Column 1</div>
  <div class="col-sm-6 col-md-8">Column 2</div>
 </div>
</div>
```

有一些如 <div> 这样的标签可以拥有多个类。这个特点可以让用户为它添加多种显示效果。例如上面所提到的改变一个列的显示模式。如果想要使用多个类来实现的话，仅仅需要像上面一样为 class 赋值，且每个类的值都相等。每一组对 class 的赋值都用空格隔开。例如下面的示例代码：第 3 个 <div> 元素有 2 个 class，其值分别是 col-sm-6 和 col-md-4。

最后，我们决定在大型台式计算机屏幕上左侧的列要占两个标准列宽。如图 8-7 所示，为大型台式计算机的屏幕使用类名 col-lg-，并把它添加到 class 的赋值序列的尾部。

```
<div class="container">
 <div class="row">
```

```
  <div class="col-sm-6 col-md-4 col-lg-2">Column 1</div>
  <div class="col-sm-6 col-md-8 col-lg-10">Column 2</div>
 </div>
 </div>
```

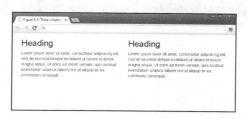

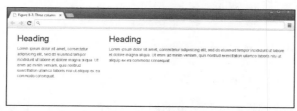

图8-7
一个具有2列内容的页面布局分别在平板电脑、台式计算机和大型台式计算机上的显示效果

8.4 编写基本的页面元素

Bootstrap 不仅提供了页面布局的功能，同时它也提供了很多成熟完善的页面组件，这些组件被应用在了几乎所有的商业网站上。使用这些页面组件的方式与使用页面布局的方式大致相同：坚决不能没完没了地去创建那些诸如工具条、按钮这样的基本页面元素。Bootstrap 为大家准备了大量的成熟组件，并且这些组件已经被数以万计的开发者应用在了各种各样的浏览器和设备上，它们具有良好的稳定性和兼容性。

下列示例展示了如何快速、便捷地创建常用的页面组件。

8.4.1 按钮的华丽转身

虽然按钮是一个几乎所有页面会使用的基本元素，但是按钮的设计会比较困难。如表 8-2 所示，按钮也可以拥有各种各样的种类和尺寸。

表8-2　　　　用于创建按钮的Bootstrap代码

属性	类前缀	描述

按钮外观类型	`btn-default`
	`btn-primary`
	`btn-success`
	`btn-danger`
		带有鼠标悬停效果的标准按钮
		带有鼠标悬停效果的浅蓝色按钮
		带有鼠标悬停效果的绿色按钮
		带有鼠标悬停效果的红色按钮

按钮尺寸	`btn-lg`、`btn-default`、`btn-sm`	大、默认、小

创建按钮的步骤如下。

（1）使用 HTML 的 button 元素创建。

（2）在 `<button>` 的起始标签中，加入 `type="button"`。

（3）加入 class 属性，为其赋值的序列中要包括 btn，可以根据具体要求加入其他不同的类前缀。只需要在 class 的赋值序列中持续添加即可实现多种不同的显示风格。

下列程序加入了按钮类型和按钮尺寸两个不同的类名，运行效果如图 8-8 所示。

```
<p>
  <button type= "button" class="btn btn-primary btn-lg">Large primary
              button</button>
  <button type= "button" class="btn btn-default btn-lg">Large default
              button</button>
</p>
<p>
  <button type="button" class="btn btn-success">Default Success button
</button>
  <button type="button" class="btn btn-default">Default default button
</button>
</p>
<p>
  <button type= "button" class="btn btn-danger btn-sm">Small danger
              button</button>
  <button type= "button" class="btn btn-default btn-sm">Small default
              button</button>
</p>
```

如果对按钮的类型、尺寸以及其他风格的设定感兴趣，可以自行前往 Bootstrap 网站浏览相关的文章。

第9章

在页面上添加 JavaScript程序

最好的老师是交互性。

——比尔·盖茨（Bill Gates）

JavaScript 作为一种极其流行并且功能强大的编程语言，将所有软件应用的灵魂之一"交互性"带到了 Web 应用中。JavaScript 就像一个默默无闻的幕后英雄：我们每天都在用它，却感知不到它的存在。当我们按下 Web 页面上的一个按钮后，页面可能改变了颜色、打开了图片缩略图一览页面或者呈现出一幅基于用户数据的分析图表。而这一切都与 JavaScript 息息相关：它读取了用户的输入，与 HTML 一起完成了用户的动作。我们可以使用 JavaScript 开发和定制所有这样的 Web 页面上的功能。

JavaScript 是一种功能很强大的编程语言，即便用整本书的篇幅可能都无法将其涉及的所有知识点全部涵盖。本章将向大家介绍 JavaScript 的编程基础，包括如何使用 JavaScript 完成那些基本的任务。比如使用 API 访问远端数据以及使用一些成熟的框架来更快地完成开发工作。

9.1 JavaScript的作用

JavaScript 的功能概括起来就是创建和修改 Web 页面元素，它通常与 HTML、CSS 程序共同完成这一任务。当你访问的页面上包含 JavaScript 代码时，浏览器会首先下载这些 JavaScript 程序源代码，然后在客户端也就是在计算机上运行这段 JavaScript 程序。JavaScript 通常可以完成以下几种任务。

» 通过调整 HTML 属性和 CSS 风格来控制 Web 页面的外观。

» 如图 9-1 所示，可以很方便地创建一些诸如日期选择器、下拉菜单这样的页面元素。

» 读取用户在表单中的输入数据，并在提交之前协助检查数据的有效性。

» 使用更加复杂的表格和图形来展示数据。

» 从其他网站或地址导入和分析数据。

图9-1
JavaScript可以很方便地创建那些在几乎每一个旅行网站中常用的日期选择器

TECHNICAL STUFF

虽然 JavaScript 的名称中也包含"Java"这个词，但是它却与 Java 语言完全不同。1996 年，时任 Netscape 公司软件工程师的 Brendan Eich 创造了 JavaScript 语言，它最初的名字是"LiveScript"。为了让这种语言快速地流行起来，作为一种市场推广策略，它被更名为 JavaScript。更名主要是希望能够从当时最为流行的 Java 语言那里吸引一些注意力，进而得到业界的关注。

尽管 JavaScript 创立于 20 多年以前，但是这门语言一直在不断地完善和壮大。

在过去的十几年，JavaScript 的一个最重要的革新就是它允许开发者在用户不做任何输入的情况下就可以为页面加载内容。这种技术通常被称为 AJAX（异步 JavaScript）。虽然名称听起来并没有那么响亮，但是这门技术确实引发了 Web 应用的一场技术革命。正是因为它的存在，才催生了像 Gmail 这样具有划时代意义的 Web 应用，如图 9-2 所示。

图9-2
使用AJAX技术的Gmail，可以在不需要用户手动刷新的情况下自动加载新到邮件

在 AJAX 技术出现之前，浏览器只能在客户手动刷新了整个 Web 页面以后才能够显示新的数据。显然这样做用户的体验很差。因为即便是一点点的数据更新就要加载整个页面，速度太慢。尤其是当浏览那些诸如微博（不断有新的帖子出现）、体育动态和股市动态这样的网站时，问题尤其明显。JavaScript 使用 AJAX 功能另辟蹊径，为浏览器与服务器的交互开辟了一条新的通道，数据交互可以在后台进行，当新的数据到达时，自动更新页面显示。

TIP

可以将 AJAX 技术做一个形象的类比：假设我们在一家咖啡店里排了很长时间的队之后，只点了一杯咖啡。在 AJAX 出现之前，我们只能站在柜台前耐心地等待，一直等到点的咖啡端到手上为止，在这个过程中我们什么都不能做，唯有等待。AJAX 出现之后，我们可以一边读报纸、找座位、给朋友打电话或者做各种各样的事情，一边等着咖啡。当这杯咖啡做好后，服务员会叫名字告诉我们咖啡已经做好了。

9.2　理解JavaScript的程序结构

与 HTML 和 CSS 相比，JavaScript 有完全不同的程序结构。JavaScript 不仅可

以调整页面元素的位置和风格，还可以做许多其他的事情。使用 JavaScript 我们可以暂时保存数值、文本，然后在未来的某个时间再去使用它们；还可以根据条件判断来决定运行哪个程序分支；此外甚至还可以为某一段程序命名，然后在任意时间点仅通过这个名字就可以运行这段程序。和 HTML 与 CSS 一样，JavaScript 也有自己特有的一组预定义的关键词以及语法规则。通过使用这些关键词和语法规则，计算机就可以识别这段程序的意图，并且严格按照程序意图执行。然而与 HTML 和 CSS 不同的是，JavaScript 对于语法错误采取零容忍的态度。如果是 HTML 或 CSS 程序，即便在编程的时候忘记了一个 HTML 结束标签或者是忘记了 CSS 中的右侧大括号，浏览器一般都会自动纠正这个错误，无须手动修改程序。并且大部分的情况下浏览器都能够将这段程序正常地显示出来。可是如果使用 JavaScript 来编写程序，即便只忘记了一个引号或者小括号都会导致整个程序运行出错。

在开始和结束标签之间，HTML 定义并使用了特定的显示效果，例如，`<h1>This is a header</strong>`。CSS 使用 HTML 元素名称作为选择器，然后在一对大括号之间通过属性赋值的形式来完成风格的调整，例如，`h1{color:red;}`。

9.3 使用分号、引号、小括号和大括号

以下示例程序展示了在 JavaScript 中如何"精确地"使用冒号、引号、小括号和大括号。

```javascript
var age=22;
var planet="Earth";
if (age>=18)
{
  console.log("You are an adult");
  console.log("You are over 18");

}
else
{
  console.log("You are not an adult");
  console.log("You are not over 18");
}
```

在编写 JavaScript 程序时的一些通用的经验性规则如下。

❱❱　使用分号分隔不同的 JavaScript 语句。

❱❱　使用引号定义文本段或字符串（一串字符）。左引号必须与右引号配对使用。

>> 小括号用于给一个"命令"添加额外的信息。这些额外的信息通常被称为参数（这种形式的程序被称为函数）。左侧小括号必须与右侧小括号配对使用。

>> 一个程序块要用大括号来定义，这样这个程序块才会作为一个整体来执行。左侧大括号必须与右侧大括号配对使用。

这些语法规则听起来确实是非常苛刻，对于初学者来讲也不容易记住。不过多加练习就可以让这些语法规则成为编程的习惯，就像说话走路一样自然。

9.4　使用JavaScript完成一些基本任务

JavaScript 可以完成许多不同的任务，从那些简单的变量赋值到复杂的数据可视化都可以轻松搞定。接下来介绍的几个基本任务是几乎所有语言都可以完成的，在这里我将用 JavaScript 的语法规则来介绍它们，它们都是 JavaScript 语言的最基本的核心概念，在过去的二十几年的时间里一直没有变化，我想在未来的二十年也不会有什么变化。最后我会详细介绍实现这些任务的细节。当然这些都是简单的概念，如果大家已经掌握了它们，完全可以直接跳到 9.5 节。

9.4.1　使用变量保存数据

变量就像代数课上教的字母一样，使用一些自定义的关键词去保存数值，以备后续使用。虽然保存在变量中的数值会变化，但是变量名称不会改变。可以把变量比作健身房的一个衣帽箱，衣帽箱中存放的物品可以任意变化，但是衣帽箱的号码却不会变。通常变量名需要自行定义，命名规则比较简单，以字母开头即可。表 9-1 列出了 JavaScript 变量可以保存的几种数据类型。

表9-1　　使用JavaScript变量可以保存的数据类型

数据类型	描述	示例
数值	正负数，可以是小数也可以是整数	156、101.96
字符串	可显示的字符序列	Holly NovakSeñor
布尔值	非真即假的值	true、false

如果大家想要了解完整的变量命名规则，可以自行前往 W3Schools 网站查找
"JavaScript Variables" 相关的内容。

注意，当第一次定义变量时，需要使用关键字"var"来定义这个变量名。定
义完以后就可以通过使用"="号来对一个变量名进行赋值了。以下的程序示
例定义了 3 个变量，并分别为这几个变量进行了赋值操作。

```
var myName="Nik";
var pizzaCost=10;
var totalCost=pizzaCost * 2;
```

如果使用"var"关键字声明了一个变量，程序员通常称这个变量"已定义"。
定义一个变量将告诉计算机提前准备好内存用于保存变量名本身和这个变量的
值。可以通过 console.log 语句来查看这些变量的值。例如，在运行了上述
示例程序之后，可以运行 console.log(totalCost)，这个程序将返回值
20。在定义完一个变量后，可以通过变量名来引用这个变量，也可以通过使用
"="号来为这个变量再次赋值。例如：

```
myName="Steve";
pizzaCost=15;
```

注意，变量名称是区分大小写的，因此当在程序中引用一个变量时，"My-
Name"和"myname"是完全不同的两个变量。最好给变量一个具有"描述
性"的名称，这样只通过名称就能够大致了解这个变量中保存的是什么样的
数据了。

9.4.2 使用if-else语句进行条件判断

如果已经在变量中保存了数据，此后就可以使用这个变量中的值与另一个变量
中的值或常量来做比较，并根据比较的结果做出判断。JavaScript 是通过条件
语句来完成这样的比较操作的。if-else 是一种条件语句，通常具有以下的
语法规则。

```
if (condition) {
    statement1 to execute if condition is true
}
else {
    statement2 to execute if condition is false
}
```

在这些语句中，if 与其后面的条件判断部分由一个空格来分隔。条件判断是用一对小括号围起来的部分。这部分程序的本质是检查其内部条件判断表达式的值是 true 还是 false。如果条件表达式的值是 true，那么接下来的程序将会执行"statement 1"。按照语法规则，这条语句应该使用成对的大括号将其围起来。如果条件表达式的值是 false，并且在程序中编写了用于 false 跳转的分支语句（在上面这个例子中就是"statement 2"），那么这部分语句将会执行。同样这部分语句应该使用大括号围起来。注意，如果在编写程序时没有编写 else 部分，并且条件表达式的值是 false，那么条件语句块就只是简单地退出执行。

注意，else 后面没有添加小括号，是因为 else 分支语句不需要任何条件。JavaScript 解释器只有在前面所有条件判断都是 false 的时候才会执行 else 中的程序块。

通常在 if-else 分支语句中，条件判断部分就是一个使用操作符来比较值的表达式。JavaScript 中常用的操作符如表 9-2 所示。

表9-2　常用的JavaScript操作符

类型	操作符	描述	示例
小于	<	判断一个值是否小于另一个值	（x<55）
大于	>	判断一个值是否大于另一个值	（x>55）
等于	===	判断一个值是否等于另一个值	（x===55）
小于等于	<=	判断一个值是否小于等于另一个值	（x<=55）
大于等于	>=	判断一个值是否大于等于另一个值	（x>=55）
不等	!=	判断一个值是否不等于另一个值	（x!=55）

以下代码是一个没有 else 的 if 分支语句：

```
var carSpeed=70;
if (carSpeed > 55) {
    alert("You are over the speed limit!");
}
```

在上面的示例中我定义了一个名为 carSpeed 的变量，并把它赋值为 70。接下来使用一个 if 语句判断 carSpeed 的值是否大于 55。如果条件表达式的值是 true，则如图 9-3 所示，使用一个弹出窗口告知用户"You are over the speed limit!"（你超速了！）。在这个示例中，变量 carSpeed 的值是 70，显然要比 55 大，所以条件表达式的值是 true，最后画面上将弹出警告。如果在第一行中将 carSpeed 赋值为 40，那么因为 carSpeed 的值 40 小于 55，所以条件表达式的值将是 false，最后将不会有任何警告弹出。

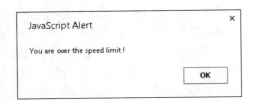

图9-3
警告窗口

将上述的程序进行扩充，添加 else 语句，最终示例程序如下所示。

```
var carSpeed=40;
if (carSpeed > 55) {
    alert("You are over the speed limit!");
}
else {
    alert("You are under the speed limit!");
}
```

如上述代码所示，我在 else 分支中也添加了一个警告窗口，同时提前把变量 carSpeed 的值设定为 40。当这段 if-else 代码块执行时，因为变量 carSpeed 的值是 40，显然它小于 55，于是条件表达式的值变成了 false，此外由于这次添加了 else 分支，所以 else 分支中的警告窗口 "You are under the speed limit!"（你没有超速！）将会弹出。反之，如果将 carSpeed 的值设定为 70，那么这段程序的执行将和上一个示例一样，由于 70 大于 55，所以第一个警告窗口将会弹出。

if-else 语句用于对一个条件表达式进行测试，根据条件表达式值的不同，引导 JavaScript 解释器执行不同的代码片段。如果想要测试 2 个或者多个条件，可以在 if 语句块的后面使用一个或多个 "else if" 语句来实现。其基本的语法如下所示。

```
if (condition1) {
    statement1 to execute if condition1 is true
}
else if (condition2) {
    statement2 to execute if condition2 is true
}
else {
    statement3 to execute if all previous conditions are false
}
```

这段程序中的 if-else 部分与前面的例子具有相同的语法规则。else if 部分实际上与 if 基本相同。else if 与条件表达式之间使用空格分隔，条件表达式同样需要用一对小括号围起来。在执行的时候首先判断这个条件表达式的值是 true 还是 false。在这个示例中，如果 condition1 的值是 true，那么就会执行位于第一对大括号之间的 statement 1。如果 condition1 的值是 false，那么就会判断 condition2 的值，如果是 true，则执行位于第二对大括号之间的 statement 2。就像这样可以添加多个 else if 条件分支。只有当全部 if 和 else if 所包含的条件表达式的值都是 false 并且编写了 else 分支的时候，else 后自带的代码块（在这个例子中是 statement 3）才会执行。宏观上，在一组 if-else 条件分支语句中，只有一个条件分支能够得到执行，一旦一个分支被执行了，其后所有的条件分支将全部被 JavaScript 解释器忽略。

注意，当编写 if-else 分支语句时，必须只编写一个 if 语句（不可以编写多个 if 语句）。此外如果选择使用 else 语句，那么这个 else 语句也只能出现一次。而 else if 分支的个数则是可选的，可以在一组 if-else 分支语句中包含多个 else if 分支。唯一需要注意的是，所有这些 else if 分支必须位于 if 和 else 之间。绝对不可以在没有 if 分支的情况下使用 else if 或 else 分支。

下面是另一个关于 else if 语句的示例。

```
var carSpeed=40;
if (carSpeed > 55) {
    alert("You are over the speed limit!");
}
else if (carSpeed === 55) {
    alert("You are at the speed limit!");
}
```

当执行 if 语句时，carSpeed 被赋值为 40，显然 40 小于 55，因此条件表达式返回 false，于是解释器将运行 else if 中的条件表达式。而 carSpeed 的值也不等于 55，所以 else if 中的条件表达式也返回了 false，因此最终没有任何警告窗口弹出，所有条件分支语句结束。如果第一行为 carSpeed 赋值为 55，那么第一个条件表达式的值将因为 55 等于 55（不大于）而返回 false，于是解释器将运行 else if 中的条件表达式。由于此时 carSpeed 的值恰好等于 55，所以第二个警告语句将会得到执行，最终将会在画面上看到"You are at the speed limit!"（你的时速已达限速！）这个警告窗口。

仔细观察上面这段代码，当对变量赋值时，使用的操作符是"="，而当判断两个值是否相等时，使用的操作符是"==="，区别很小，大家务必注意。

接下来是在 if-else 分支语句中嵌入 else if 分支的最后一个示例。

```
var carSpeed=40;
if (carSpeed > 55) {
    alert("You are over the speed limit!");
}
else if (carSpeed === 55) {
    alert("You are at the speed limit!");
}
else {
    alert("You are under the speed limit!");
}
```

如图 9-4 所示，这段代码中的 2 个条件判断在图中用菱形表示，这两个条件判断决定了程序执行的路径。在这个示例中，变量 carSpeed 的值等于 40，所以这两个条件判断全部返回 false，因此 else 后面的语句将会得到执行：在画面上显示内容为 "You are under the speed limit!" 的警告窗口。在这里，变量 carSpeed 的值在第一行被初始化成了 40，所以得到了这样的结果。如果按照这两个条件判断表达式的内容相应地去调整 carSpeed 的初始值，那么理论上所有分支中的代码都会在当前分支条件得到满足时被执行。

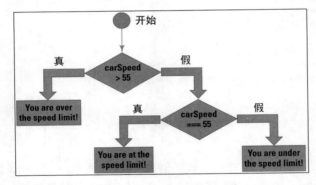

图9-4
带有else if
分支的if-
else分支语句

REMEMBER

注意，第一个执行的语句永远是条件判断语句，并且每一个条件表达式的结果必须是 true 或者 false。条件分支内的语句与条件表达式本身没有依赖关系，只要条件表达式是 true，其分支内定义的语句就会被执行。

9.4.3 灵活使用字符串和数字方法

通常保存在变量中的最基本的数据类型是字符串和数字。程序员通常需要操作字符串和数字来完成以下这些基本任务。

>> 得到一个字符串的长度。例如，当这个字符串是一个密码串时，需要判断其长度是否合法。

» 得到字符串的一部分（也称为子串）。例如，当一个字符串是一个人的全名（包括姓和名部分）时，需要能够通过某种方法得到其中的姓部分或者是名部分。

» 对一个小数作四舍五入。比如某个变量保存的是在线购物时购物车上的消费总金额，当需要计算税金部分时，首先需要将税金部分精确到小数点后 2 位，然后把税金加入消费总金额中。

这些任务都是非常常用的数字、字符串操作，JavaScript 非常"贴心"地为大家准备了一些完成这类任务的"捷径"，这些"捷径"被称为方法。上面提到的这些任务都有很成熟的方法可以实现。使用这些方法的语法是：在这些操作对象（值或者变量）后使用"."来连接方法名。

```
value.method;
variable.method;
```

表 9-3 展示了上面所提到的那些基本的 JavaScript 方法。其中"示例"部分包括那些针对不同类型的值（如字符串、变量）可以使用的方法名称。

表9-3　　　　常用的JavaScript方法

方法名	描述	示例	结果
.toFixed(n)	将一个数字精确到小数点后 n 位	var jenny= 8.675309; jenny.toFixed(2);	8.68
.length	获取一个字符串的长度（包含字符的数量）	"Nik".length;	3
.substring(start, end)	截取从位置 start 开始到位置 end 为止的部分。这里所说的位置是指字符与字符之间，位置的计算从第一个字符的前面开始，起始值是 0	var name="Inbox";name. substring (2,5);	box

REMEMBER

注意，当使用一个字符串，或者将一个变量赋值为一个字符串时，需要配对使用引号。

.toFixed 和 .length 方法的用法相对来说比较简单、直接，但是 .substring 的用法可能就有一点容易让人混淆了。在 .substing(start, end) 这个方法中提到的开始和结束的位置并不是指具体的某一个字符，而是指字符与字符之间的空间。图 9-5 展示了 .substing(start.end) 中的 start 和 end 位置参数是如何工作的。"Inbox".substring(2,5) 这个语句将会截取从位置2（处于"n"和"b"之间）开始、到位置5（在"x"之后）结束的字符串。

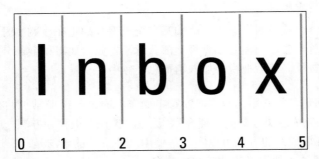

图9-5
.substring
方法使用到的
位置参数示
意，其所指的
位置处在字符
和字符之间

如果大家对字符串方法和数值方法感兴趣，可以自行到 W3Schools 网站上查找相关的内容。

9.4.4 警告窗口和提示输入窗口

向用户显示消息和获取用户输入是 JavaScript 为大家提供的基础交互式功能。虽然如今有各种各样结构复杂、功能强大的手段，但是 alert() 和 prompt() 这两个方法仍然是向用户显示弹出窗口、提示用户输入的最为简单易用的手段之一。

创建一个警告窗口或者提示窗口的语法是：首先以这两个方法的名称开头，然后在小括号中添加警告文字。需要注意的是，这些文字应该使用双引号围起来。具体做法如下面的示例程序所示。

```
alert("You have mail");
prompt("What do you want for dinner?");
```

图 9-6 展示了使用 alert() 创建的警告窗口以及使用 prompt() 创建的提示输入窗口的外观。

图9-6
使用
JavaScript创
建的警告窗
口和提示输
入窗口

9.4.5 使用函数来为代码块命名

函数是一种将一组 JavaScript 语句进行组合并且为它们命名的手段，这样程序员可以在任何地点仅使用一个函数的名称就能够完成对一整段程序的引用，它为编程工作提供了一个更加便捷的途径。当然，这里提到的"语句组合"并不是无的放矢，胡乱组合。一个基本的准则是这一个程序块作为一个整体完成了一个特定的功能。有了这样一个以函数形式呈现的并且可以完成一个特定功能的代码块，程序员就可以在需要它的地方调用这个函数即可，而不是把这一整段程序原封不动地"搬"到所有需要它的地方。它既节省了编程的工作量，又使得程序的结构更加清晰易懂。

当我还是个孩子的时候，每个周六的早晨我妈妈都会不厌其烦地唠叨：刷牙、叠衣服、收拾房间、修剪院子里的草坪。终于有一天，她老人家唠叨烦了，于是她就把这些事情都写在一张纸上，名曰：周六记事。并把它贴在我家的"至高点"——冰箱上，以期待每天我一抬头，就能看到她老人家的"谆谆教诲"。显然，这个所谓的"周六记事"就是提醒我每个周六都要按照记事上的要求，认真做完每一件事。这个类比形象地归纳了函数的功能。函数为一组语句命名，就像这里提到的"周六记事"，它为我在周六应该做的所有事情进行了命名，这样我只需要按照"记事"执行即可，不再需要妈妈一字不落地"唠叨"了。

一个函数只能定义一次，它的语法是：首先使用关键字 function，然后是函数的名称（在关键字 function 和函数名称之间要用空格分隔），接下来是一组用成对出现的大括号包围的语句。这些被称为函数的声明。只有当这个函数被调用的时候，函数声明中的这些语句才会得到执行。在以下的示例中，我声明了一个名为 greeting 的函数，在这个函数中我使用了 prompt() 方法要求用户输入姓名。prompt() 方法将返回用户输入的姓名，我把 prompt() 方法返回的姓名保存在一个名为 name 的变量中。最后我使用 alert() 方法以警告窗口的形式显示出了 name 变量中保存的内容。

```
function greeting() {
    var name=prompt("What is your name?");
    alert("Welcome to this website " + name);
}

greeting();
greeting();
```

注意，在声明完这个函数之后，我调用了这个函数两次，因此这段程序将会触发并显示"用户提示输入窗口"两次，每一次都要求输入姓名，每一次都将用户输入的姓名保存在变量 name 中，并且每次用户输入完毕后都将以警告窗口的形式显示欢迎消息。

上面程序中使用到的"+"操作符是用来将两个字符串连接在一起的，操作数可以是字符串、值或者变量。

此外，上面没有提到的是函数可以接收输入，它们被称为参数。参数在函数的执行过程中起到了一个协助的作用。此外还有一点非常重要的是，函数在结束之前可以向调用者返回一个值。再以"周六记事"这件事与函数做一下类比。当这个"周六记事"出现后，每个周六我的妈妈都会对我说：Nik，又到了"周六记事"时间了，快去搞定它们。然后我就"很不情愿"地去"照章办事"了。随着时间的推移，我老弟也能"打酱油"了。于是妈妈她老人家又发话了：Neel（我老弟），又到了"周六记事"时间了，快去搞定它们。很明显，大家都能够一眼看出这里的"周六记事"就是函数名，"周六记事"这张纸中所列出的所有工作就是函数的声明，而"Nik"和"Neel"则是函数的参数。最后，每次当我完成"周六记事"中列出的所有工作后，我都会告诉我妈妈一声。而这个"事后通知"则是函数的返回值。

在以下的例子中，我又定义了一个名为 amountdue 的函数，这个函数将 price 和 quantity 作为参数。当调用这个函数时，它将累加金额并追加税金，最后返回总金额。如果调用 amountdue(10, 3)，那么它将返回 31.5。

```javascript
function amountdue(price, quantity) {
    var subtotal=price * quantity;
    var tax = 1.05;
    var total = subtotal * tax;
    return total;
}

alert("The amount due is $" + amountdue(10,3));
```

注意，要成对使用小括号、大括号以及引号。可以试着找一找上面示例中所有配对的小括号、大括号以及引号。

9.4.6　向Web页面中添加JavaScript代码

向 Web 页面中添加 JavaScript 程序的两种方法如下。

» 　使用 <script> 标签在 HTML 源文件中添加 JavaScript 代码。

» 　使用 <script> 标签引用一个独立的 JavaScript 代码文件。

为了在 HTML 文件中嵌入一段 JavaScript 代码，要配对使用 <script> 标签，并且在开始标签和结束标签之间编写 JavaScript 语句，以下示例展示了具体的使用方法。

```
<!DOCTYPE html>
<html>
    <head>
        <title>Embedded JavaScript</title>
        <script>
            alert("This is embedded JavaScript");
        </script>
    </head>
<body>
        <h1>Example of embedded JavaScript</h1>
    </body>
</html>
```

如上面例子所示，可以把 \<script\> 标签放到 \<head\> 起始标签和结束标签之间，也可以把 \<script\> 标签放到 \<body\> 的起始标签和结束标签之间。这两种方法在功能上没有太大的不同，只是在性能方面有一点差异，可以查找 Stack Overflow 网站上相关的文章来进一步学习其中的原理。

当我们想要引用另一个 JavaScript 源文件时，同样要使用 \<script\> 标签，并且我推荐大家使用这种方法。如果使用这种方法，\<script\> 标签需要包括如下内容。

» 一个名为 type 的属性，对于 JavaScript 程序而言，这个属性必须赋值为 text/javascript。

» 一个名为 src 的属性，应该将想要引用的 JavaScript 源文件路径作为值赋给这个 src 属性。

具体示例如下。

```
<!DOCTYPE html>
<html>
    <head>
        <title>Linking to a separate JavaScript file</title>
        <script type="text/javascript" src="script.js"/></script>
    </head>
    <body>
        <h1>Linking to a separate JavaScript file</h1>
    </body>
</html>
```

\<script\> 标签需要配对使用，无论是采用在其中嵌入 JavaScript 代码还是通过路径引用的方式，起始标签和结束标签缺一不可。

9.5　编写第一个JavaScript程序

读者可以使用 Codecademy 来在线练习 JavaScript 编程技巧。Codecademy 网站创始于 2011 年，供大家使用浏览器免费学习编程，用户不需要安装任何额外的程序。可以按照以下步骤演练本章介绍的所有知识点（当然可能不止这些，如果之前没接触过，大家可以上网查询这些新知识点的具体用法）。

（1）打开 Dummies 官网，单击 Codecademy 超链接。

（2）使用自己的账户登录 Codecademy 网站。

关于登录有什么好处我在第 3 章中已经讲过了，创建一个账户可以帮助大家随时保存工作进度，但这不是必需的。

（3）找到并单击"Getting Started with Programming"。

（4）页面的左上角上有一些介绍性的背景信息，左下角有一些指示性的说明信息。

（5）按照指示完成程序编写工作

（6）如果按照指示完成了程序编写工作，请单击"Got it"或"Save and Submit code"按钮。

如果按照指示正确完成了编程任务，画面上就显示绿色的图标，这样就可以进入下一个练习了。如果编写的程序中有错误，那么就会显示一个警告和一个建议的修正方案。如果遇到了问题或者出现了难以解决的 bug，可以通过单击"hint"、查询 Q&A Forum 或者在 Twitter 上通过 @Nikhilgabraham 的方式向我提问，详细描述遇到的问题，并在最后加上 #codingFD 标签。

9.6　灵活使用API

尽管应用编程接口（Application Programming Interface，API）这个概念已经存在数十年了，但是随着各个组织对这个概念的推广力度越来越强，API 这个词以及其所代表的技术也在最近的几年成为了业界的"热搜词"。如果大家接近互联网开发者的"圈子"，就会经常听到这样的说法："快来用 Facebook API！""为什么 Craigslist 没有开放 API？""Stripe 业务的精髓就是允许开发者使用它的支付 API 来完成在线支付交易"等。

9.6.1　API究竟是做什么的

概括地说，API 就是允许程序 A 来使用程序 B 的某一功能。如图 9-7 所示，程序 B 允许程序 A 通过一种结构化的、可预期的、有据可查的方式向它发送一个数据获取请求，而程序 B 在收到这个请求后，将仍然会以一种结构化的、可预期的、有据可查的方式向程序 A 发送应答。

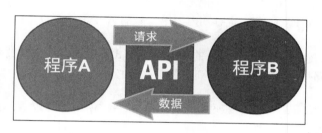

图9-7
API就是允许两个程序进行交互的一种手段

>> 结构化：是指在数据获取请求以及数据应答中，数据的摆放形式遵循一个特定的、易于读取的、标准化的格式。例如，Yahoo Wether API 的数据应答包含下列这些结构化的数据。

```
"location": {
 "city": "New York",
 "region": "NY"
 },
 "units": {
 "temperature": "F"
 },
"forecast": {
    "date": "29 Oct 2014",
    "high": "68",
    "low": "48",
    "text": "PM Showers"
    }
```

TIP

大家可以访问 Yahoo 开发者网站来了解完整的 Yahoo Wether API 响应数据格式。

>> 可预期：是指包含在数据请求中的所有必备数据以及可选数据都是预先定义好的，并且对一个正确、成功的数据请求所发出的应答，也必须有相同的数据格式定义。

» 有据可查：是指通常 API 都使用文档的形式对它的各种细节做出了详尽的说明。所有针对这些 API 的修改，都会以网站、社交媒体、电子邮件的方式公之于众。甚至有的时候，当某个 API 发生变化之后，服务器都会在一个时期内对使用旧版本的 API 所发出的数据请求做到向后兼容。也就是说虽然某个 API 已经发生了变化，但是变化后的一段时期内，即便某些"后知后觉"的开发者仍然使用旧版本的 API 向服务器发送请求，服务器也会接收这个请求并发送相应的应答（而不是简单地拒绝这个"过时的"请求）。但是这个周期不会太长，对于开发者而言还是要做到"与时俱进"。例如，当 Google Maps 发布他们的第三版的 API 后，在一定时期内，第二版的 API 仍然可以正常工作。

以上所列的就是一个天气 API 的响应信息格式。那么反过来，数据获取请求中需要包含哪些信息呢？以下所列出的数据是必须要有的。

» 地理位置：可以是邮政编码、省市区名、使用经纬度表示的坐标或者 IP 地址。

» 时间段：可以用来生成实时、每天、3 天、每周甚至是 10 天的天气预报。

» 温度单位（摄氏度或者华氏度）、降水量单位（英寸或厘米）。

请求中的数据项涵盖了所需业务的各类信息，并且为每种信息指定了需要的类型和格式。当 API 了解到对数据的各种要求后，一份具体的天气数据就会从服务器发送回来。

问题来了，对于何时发送获取天气信息的请求，这个问题的答案也许并不唯一，因为会有许多因素影响请求发送的时机。以此为线索来进行思考：假如你是"NBC's Today TV"节目组主持人 Al Roker 团队的一员，职责是为上百万的"NBC's Today TV"节目网站的用户在线更新天气信息。同时，你也在维护你自己的一个名为"NikWeather"的网站，而这个网站的人气就很差了：每天只有平均 10 个人到网站上来查看天气信息。假如著名的节目网站和你的网站同时向相同的天气 API 发送数据请求，谁将首先得到响应呢？直觉告诉我们上百万用户的需求要比 10 个人的需求更重要，应该让著名节目网站首先获得数据。一般的做法是一些 API 都会要求用户在请求中包含一个"API Key"，这样 API 就可以根据这个 Key 来决定首先为哪一个数据请求提供服务。这里提到的"API Key"通常是一个全局唯一的值，大部分情况下它是一个很长的由字母数字组合而成的字符串。这个"API Key"的作用是识别数据请求者的身份，并且它会被包含在数据请求中一同发送。根据我们与服务提供商的协议，"API Key"将会根据协议的条款（通常是付费的多少或者是影响力等）获得服务商预先设计好的服务优先级、额外的数据以及特殊的支持等。

接下来回到刚才的问题，还有哪些因素会影响发送数据请求的时机？我想还有很多，比如要求获取的数据用途就是一个重要因素。像上一个例子中提到的获取天气数据是一种用途，而获取金融数据（如实时变化的股票、期货行情数据）显然也是一种用途。而这两种用途对于数据实时性的敏感程度是不一样的。总结起来，另一个重要因素就是数据的变动频率和获取数据需求的频繁程度。通常 API 会限制发起数据请求的次数。对于上面例子中用于获取天气数据的 API，我想比较合理的限制是每分钟一次。当然，这种限制也不是随随便便规定给大家"添堵"的，而是基于数据自身刷新或者变动的频率。如果数据本身变动频率就很低，那么高频率地请求这个数据显然是没有任何意义的。所以当决定多久发起一次数据获取请求时要注意 2 点：数据自身的变动频率和 API 服务提供商更新数据的频率。例如，除了极端特殊的恶劣天气情况下，通常天气数据每隔 15 分钟变动一次（大家可以认为是气象台每隔 15 分钟基于天气雷达及各种气候监测站的报告更新一次数据）。而天气数据 API 服务提供商则每隔 30 分钟更新一次自身持有的天气数据（大家可以认为是服务商每隔 30 分钟从气象台获取一次数据，然后存放在自己的服务器上。当收到客户端数据请求时它作为响应数据发送给客户端）。因此应该至少每隔 30 分钟发起一次数据获取请求。原因很简单：即便更加频繁地发起数据请求，也不会每次都得到更新后的数据。相反，金融数据（如股票行情）以及一些类似的数据则变动得十分频繁，常常是 1 秒就会变化好几次。在这种情况下服务商允许客户端每隔 1 秒获取一次数据就合情合理了。

9.6.2 无米之炊：没有API的情况下"爬取"数据

如果没有服务商专用的 API，"神通广大"的程序员仍然可以从第三方的商业网站上获取各种各样的信息，并把它们分类保存起来以备后续进行整理并使用。常见的做法是开发一个程序自动化地去浏览网站上的各种页面，在页面上搜索并复制相应的信息。这种数据获取的行为或者方式通常被称为"爬取"或者"Web 爬虫"。根据复杂度的从简到繁，常见的做法如下所示。

>> 使用手动方式从网页上复制数据，并把这些数据导入数据库。

  "众包"型的网站（这是一个新的概念，它与传统的公司经营模式不同，这种公司的工作不是由它们的全职雇员完成的，而是类似于"众筹"的模式，将工作零散地分配给所有有时间、有能力完成工作的社会自然人，也可能是想赚零花钱的"宅男宅女们"）。例如，已在纳斯达克上市的 Retailmenot 网站就是使用这种方式来获取数据的。

» 通过编写一段小程序来根据预定义的数据爬取规则来查找和复制数据。这种"预定义的数据爬取规则"通常被称为正则表达式，它的功能是根据规则匹配字符串。正则表达式目前在各大主流语言中都有良好的支持，尤其是诸如 JavaScript 和 Python 这样的热门 Web 开发语言中有非常好的支持。

» 通过模拟鼠标单击操作来按需获取网站上相关信息的自动化工具。Kimonolabs 网站就是这样的一个典型例子。还记得 2014 年的 FIFA 世界杯吗？当时这个体育赛事的官方没有提供获取数据的 API，于是 Kimonolabs 就使用了这种模拟鼠标单击的方式实时、准确地取得了各场比赛的比分等信息，并且以一个更加容易访问的方式呈现出来。

这种"爬取数据"的方式有一个很显著的优势，那就是这些数据随时都存在，并且对于数据的获取没有太多人为的或者是技术上的限制，因为这些数据本来就是普通用户可见的。相反，如果使用网站提供的 API 就要麻烦许多。例如，某个 API 请求数据失败了，很有可能这就是网站自身的问题，而这个问题的出现是"悄然无声"的，绝大多数的情况下都不会提前通知，而且什么时候网站能够修复好这个问题也不知道。而针对"爬取数据"的方式，情况就要好得多，除非这个网站关闭了，否则谁也无法限制这种"爬取数据"的行为。而"整个网站不能用"这件事本身就具有非常高的紧急度，在任何时候都会立即得到纠正。此外，服务提供商们通常还会针对那些获取敏感信息或者稀有信息的 API 设定各种限制，而对于"爬取数据"这种方式，任何限制似乎都没什么效果。

凡事有利弊，"爬取数据"也不是十全十美的。比如编写的"爬虫"程序必须定义一个精确且明确的数据获取规则（否则就拿不到想要的数据或者拿到太多冗余数据），而这种"精确且明确"的规则本身就很脆弱，很容易就会失效。例如，规则为"今天 Web 页面上的股市行情中位于第二段的第 3 行的第 4 个词"。因此程序员就会根据这个具体的位置来编写"爬虫"程序来获取股市行情信息。但不巧的是第二天用于爬数据的网站改版了，改版后新页面上股市行情信息的位置变成了第 5 段。这时你就会发现，之前定义的数据获取规则失效了，因为在过去的位置上再也找不到股市行情信息了。此外，你也不得不关注一些重要的"场外因素"，比如针对这种爬取数据的合法性，尤其是当用于爬取数据的网站上明令禁止未经授权的数据复制行为时，大家就要三思了。例如，Craigslist 网站就禁止未经授权的数据复制。在美国曾经有过一场针对非法数据复制的著名司法诉讼，其原因就是原被告双方围绕着是否可以从 Craiglist 网站上复制数据而引发的纠纷，最终法庭裁定禁止被告公司使用这种技术从 Craiglist 网站上获取数据。

9.6.3　寻找和选择一个合适的API

对于某一个特定的任务而言，能完成它的 API 可能不止一个。以下这几点是在决定具体选用哪个 API 来完成特定任务时需要考虑的重要因素。

» 数据的可用性。首先要列出希望使用这个 API 得到何种数据，然后与多家服务商所提供的 API 做详细的对比，找出一个或几个能够提供最全面数据的 API。

» 数据的质量。要对多家服务商进行横向对比，比较的方面包括这些服务商自身是如何收集数据的以及他们对数据的刷新所采用的频率。

» 网站的可靠性。无论服务商的数据"可能"有多么完美，但是绝对不可以忽视服务网站自身的可靠性。因为只有这个网站处于在线状态，才能够获取到想要的数据，否则如果这个网站间歇性宕机，数据再出色也无济于事。尤其是对于像金融、卫生等领域，网站的可靠性绝对是一个最为重要的方面。通常可以通过衡量一个网站的无间断运行时间来判断它的稳定性。

» 文档的完善度。通过仔细阅读 API 的文档，可以很容易地了解到这个 API 所能够完成的功能以及它在某些方面的局限性，这将为你更加科学地选择 API 提供非常良好的理论依据。

» 技术支持。可以通过给客服打电话来从一个侧面了解这些所谓技术支持的响应速度与解决问题的能力。因为当遇到那些难以解决的问题时，用户当然希望能够得到良好的支持，并且能够迅速地解决问题。

» 成本。对于许多 API 而言，当使用它的频度、请求数据的多少、是否存在稀缺数据等方面没有达到一个特定的阈值时（例如在程序的开发和测试阶段，网站访问量较小等），它们可能是免费的。为了避免当对某些 API 的使用超出所谓的"阈值"时所带来的高成本，最好能够根据自己的预算充分调查要使用的 API 在一些特定的情况下需要付出多少成本，这样才能够避免在构建网站时因为预算与经费的问题影响开发与上线的进度。

9.7　灵活使用JavaScript库

JavaScript 库是指那些同样使用 JavaScript 编写的程序库。在编程时可以通过直接使用这些程序库的方式，达到减少代码量、降低开发难度的目的。这些程序库包括了那些完成常见操作的代码，功能齐全、方便快捷。大家尽管放心使用，完全不用担心这些代码的质量。因为这些代码早已经被充分地测试过，并且被全球的开发者广泛地使用在了各种各样的 Web 应用中，有着数不清的成功案例。程序中通常也会包含很多这样的"常见操作"，因此"拿来主义"显然是一种最高效的做法。我们可以通过调用这些程序库中定义好的函数或方法来完成这些"常见操作"。目前业界非常流行的两个 JavaScript 库是 jQuery 和 D3.js。

9.7.1　jQuery

jQuery 通过控制页面上的 CSS 和提供的广泛的通用函数来帮助 Web 应用的开发者开发出更加美好的页面显示效果。虽然开发者也可以自行编写代码来实现与 jQuery 一样的效果，不过使用 jQuery 的最大优点就是可以通过很少的代码完成很多的功能。作为当今世界最为流行的 JavaScript 程序库，jQuery 被全球人气排名前 10 000 的绝大多数网站使用。图 9-8 展示了使用 jQuery 的图片滑动效果实现的一个电子相册页面。

图9-8
使用jQuery图片滑动效果实现的电子相册页面，可以通过导航箭头更换图片

9.7.2　D3.js

D3.js 是一个专门用于数据可视化的 JavaScript 程序库。开发者也可以自行编写程序来实现与 D3.js 相同的效果，不过显然没有人愿意这么做，因为 D3.js 已经帮助大家做好了一切，大家只需要放心使用即可。与 jQuery 一样，D3.js 可以通过很少的代码实现很多功能。这个程序库通常应用在需要多维度地展示数据的应用中。使用它可以创建高度可交互的数据可视化效果。D3.js 的作者目前就职于纽约时报。得益于 D3.js 的强大功能，纽约时报为它很多的在线文章开发出了各种各样的图表。图 9-9 就是一个交互式的数据表，展示了某家科技公司的 IPO 募集金额以及过去一段时间的市场表现。

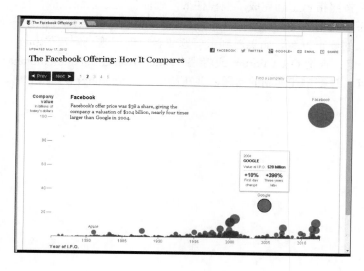

图9-9
一个用于显示
IPO募集金额
的图表，展示
了Facebook
的IPO金额以
及其他公司的
IPO金额

9.8　使用YouTube API搜索视频

读者可以使用 Codecademy 来在线练习数据获取 API 的使用方法。Codecademy 是一个创始于 2011 年的、用于帮助大家仅使用浏览器就可以学习编程的免费网站，用户不需要安装任何额外的程序。可以按照以下步骤演练本章介绍的 JavaScript 程序编写方法（当然可能不止这些，如果之前没讲过，大家可以上网查一查这些新标签的具体用法）。

（1）打开 Dummies 官网，单击 Codecademy 超链接。

（2）使用自己的账户登录 Codecademy 网站。

关于登录有什么好处我在第 3 章中已经讲过了，创建一个账户可以帮助大家随时保存工作进度，但这不是必需的。

（3）找到并单击"How to use APIs with JavaScript"。

（4）介绍性的背景信息显示在页面的左上角，指示性的说明信息显示在页面的左下角。

（5）按照指示完成程序编写工作。

（6）如果按照指示完成了程序编写工作，请单击"Save and Submit code"按钮。

如果按照指示正确完成了编程任务，画面上就显示绿色的图标，这样就可以进入下一个练习了。如果编写的程序中有错误，那么就会显示一个警告和一个建议的修正方案。如果遇到了问题或者出现了难以解决的 bug，可以通过单击"hint"、查询 Q&A Forum 或者在 Twitter 上通过 @Nikhilgabraham 的方式向我提问，详细描述遇到的问题，并在最后加上 #codingFD 标签。

第 3 部分
构建一个完整的 Web 应用

在这一部分，你将：

为开发第一个 Web 应用做计划；

与那些协助我们构建 Web 应用的人讨论细节；

充分调查将会用于 Web 应用中的组件；

基于位置构建 Web 应用；

调试 Web 应用程序，并修改其中出现的错误。

第10章

开发我们自己的应用

如果你有梦想，你可以花一生的时间为它做准备。你应该做的就是开始。

——安德鲁·豪斯顿（Drew Houston）

如 果大家已经阅读了前面的内容，那么应该已经掌握了足够的 HTML、CSS 和 JavaScript 编程方面的知识，这些知识足以帮助大家开发一个我们自己的 Web 应用。作为一个前面内容的高度概括，可以笼统地说 HTML 的职责是将内容摆放在 Web 页面上；CSS 的职责是调整这些内容的格式；而 JavaScript 则为这些内容提供了可交互性，允许我们的页面及内容与用户灵活地互动。

大家可能多多少少有一些不自信，觉得现在掌握的这一点点知识还不够，不足以完成一个应用的开发。不过请相信我，你们已经具备了这方面的基本能力。另外，衡量到底是否具备了足够的知识储备，最好的方法就是开始实践，并不断尝试。在这一章里，我们将更进一步地了解想要开发的 Web 应用的一些细节，以及开发一个 Web 应用的基本流程。开发者常常把这一章中提到的信息作为输入，然后就开始了自己的实践工作。在读完这一章的内容以后，我建议你们停下来想一想，如果去实现一个 App 的话，应该怎么做。带着这些问题再继续阅读后面章节。争取通过后面介绍的内容更进一步地丰富自己的知识、加强自信心，最终独立地完成一个 Web 应用的开发工作。

10.1　构建一个能自动获得地理位置的Web应用

现在最新潮的技术可以为开发者提供一些特别有价值的用户信息：他们的地理位置。通过使用诸如智能手机、平板电脑这样的移动设备，开发者就可以获得用户的位置信息，甚至有的时候在客户还在移动的状态下，都可以获得非常准确的位置信息。你可能早已经习惯了使用 App 获取时间、天气以及路径导航信息，但是可能还没有在街上散步或者是驾车出行时通过智能手机收到过来自某一家店铺的邀请。可以试想一下，当你在午餐时间路过一家墨西哥餐厅，这时手机收到了一条信息，告诉你这家墨西哥餐厅将赠送一份免费的墨西哥卷饼，而恰好你还有一点饿，是不是很贴心？那么开始做这件事情吧。

10.1.1　理解需求

下面是一个完全虚构的故事，如有雷同，纯属巧合。唐老鸭公司是世界上最大的快餐连锁店，主要通过名为"唐老鸭"的餐厅销售汉堡包。这家公司每天通过大约 35 000 家餐厅在全球 100 多个国家累计为大约 7 千万人提供超过 650 万份汉堡包。在 2014 年 9 月，唐老鸭公司遇到了过去 10 年中最为严重的业绩下滑。经过多次经营会议上的认真讨论后，管理团队认为促进销售的最关键因素就是提高餐厅的客流量。唐老鸭公司的 CEO Duck Corleone 说："客人在餐厅中可以一览无余地看到汉堡的制作流程，在餐厅的每个角落都可以闻到炸薯条的香味。这些就餐体验是业界最好的，只要顾客能够走进我们的餐厅，那么他一定会在这里消费。"为了增加客流量，唐老鸭公司打算开发一款 Web 应用，通过这个 Web 应用，客户就可以登录他们最喜欢的餐厅。并且当他们距离这家餐厅很近时，就会收到这家餐厅提供的打折券或者个别菜品的免费体验。Corleone 说："当客户们距离餐厅只有 5 ～ 10 分钟路程时，我们就向他们发出一个即时的、充满诚意的邀请，那么我们将有很大可能赢得这个客户。即便这个客户已经在我们的餐厅就餐了，但当他再通过自己的智能手机使用我们的应用时，也将对业务产生积极的影响。因为这将成为餐厅与这个客户之间的一条无形的纽带，即便这个客户离开了餐厅，也会让他们记住这家餐厅，并在以后一个合适的时间再来光顾这家。"

唐老鸭公司希望能够通过快速构建一个应用来更好地了解这个所谓的"基于位置的营销"是否能够促进销量。你的任务如下所示。

> **»**　快速构建一个 App，该 App 具有上面提到的"位置营销"的基本功能，使用它可以验证这种营销方式是否有效。

» 随便选择一家唐老鸭餐厅作为营销基地，因为这样做比较简单。

» 通过 App 获取用户的地理位置信息。

» 为那些距离这家餐厅 5 ~ 10 分钟路程的客户推送邀请。

唐老鸭公司目前已经有了一个网站和一个移动应用程序，但是这两者的功能只包括展示菜单和显示餐厅的位置信息。如果这个应用原型能够成功，那么最终唐老鸭公司将会把这个应用原型所提供的功能集成到现有的网站和移动应用程序中。

10.1.2　为下一步的工作做打算

现在已经理解了唐老鸭公司的需求，但还有以下的几个问题需要想清楚。

» 这个 App 的外观是什么样子？

» 使用何种编程语言来实现它？

» 如何通过程序获取用户的当前位置信息？

» 当某个用户距离这家餐厅有 5 ~ 10 分钟路程时，我将向他推送什么样的邀请？

这些问题的出现都是非常自然的。如果能够以一个有组织、有条理的方式来将这些必须要解决的问题全部梳理出来，并且以一个合理的方式去解决这些问题，那么就可以说 App 正在沿着一个标准的开发流程在推进，方向上是正确的。

10.2　遵循一个标准的应用开发流程

开发一个应用的工作量可大可小，小的一小时就能完成，大的需要耗费数年的时间。对于许多初创型的公司而言，他们平均花费 1 ~ 2 个月完成一款产品原型的开发工作。而对于一款商品级的软件，根据所处行业以及软件本身功能的复杂度不同，成熟公司的开发流程将会平均耗费 6 个月到几年的时间。这里将会对整个的开发过程有一个简要的说明，而当真正着手去为唐老鸭公司开发这款应用时，这里提到的每一步都会包括各种更加详细的信息。

REMEMBER

App 是那种运行在台式计算机或移动设备上的软件程序。构建一个 App，通常需要以下的 4 个步骤。

» 调查这个 App 的需求，并做计划。

» 调查开发这款 App 需要用到的技术点，并且为这款 App 的外观以及用户体验做设计。

» 使用某种编程语言来实现这个 App。

» 当完成的 App 的功能表现与预想不符时，要调试并测试它，直到符合预期为止。

总之，你至少要准备 2 ～ 5 小时来完成这个 App 的开发工作。如图 10-1 所示，调查和做计划通常会占用超过一半的时间，尤其是在第一次做开发工作的情况下，这个过程尤其耗时。而也许让大家感到意外的是，在具体的开发工作开始后，花在调试、修改语法错误、逻辑错误上的时间将远远地超过实际编写代码的时间。

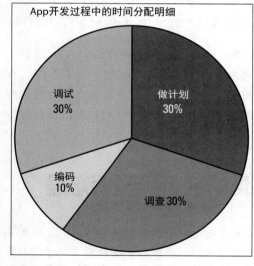

图10-1
在一个App的开发过程中，花费在每一个步骤上的时间比例

TECHNICAL STUFF

目前业界常用的两种 App 开发流程分别叫作瀑布模型和敏捷模型。瀑布模型是一组提前定义好的开发步骤，需要严格按照这些步骤从头至尾完成全部的开发工作。而敏捷模型则是一组迭代式的开发步骤。通过快速完成原型，并不断地迭代改进来完成一款程序的开发。更加深入的讨论请参考第 3 章。

10.3　为第一款程序做计划

每个人都有很多想法，计划就是将这些想法抽丝剥茧、归纳整理后落实到纸面上的过程。对于一个 App 来说，了解它包含哪些功能，并将这些功能归纳整理成正式的文档形式是非常重要的。正如图 10-2 这个卡通漫画所描述的情形一样，在计算机科学领域，提前识别一个功能在技术上的难易度本身就是比较困难的。

当用户拍照时，这个App应该检查这个用户是否在一个国家公园中。

没问题，很简单，几小时就搞定。

然后通过这幅图片判断用户拍的是否是一只鸟。

我需要一个小组和5年的时间。

在计算机科学领域中，将技术上容易实现与不可能实现这二者的区别解释清楚本身就是一件十分困难的事情

图10-2
在技术上区分困难和简单的项目不是一件容易的事情

此外，计划阶段还需要与各种各样的干系人（如客户、用户、财务人员、管理层等）进行确认与协商，在项目的工作范围、预算等方面达成一致，做到充分提案、大胆假设，落实细节。在某些情况下，例如当项目用于金融行业时，及时交付以及项目的功能涵盖范围将会写入合同，成为必须依法完成的硬性条款。因此为了达成这些目标，就需要提前预留充足的预算以抵御可能出现的风险。而在另一些情况下，例如对于那些小型初创公司的项目，最为稀缺的就是各种资源（人力、经费等）。因此可以在保持预算不增加的情况下，适当地调整项目的工作范围以及交付时间。在进入具体实现阶段之前，最好能够了解什

么是可以调整的，什么是不能调整的。

最后，显然对于这个 Web 应用而言，我们身兼数职。从计划、设计、实现、调试到上线等，一切都要独立完成。而在真实的生活中，那些每天都在用的 Web 应用通常都是由不止一个团队共同协作最终完成的。在后面的内容中你将会看到一个具体项目包含的具体角色，以及这些角色如何相互配合完成工作。

10.4 探索完整的开发流程

计划阶段的目的如下所示。

» 理解用户的需求及目标。有些客户可能最想要的是希望自己的 App 成为第一个进入某一领域的"领头羊"，一切都要为这个最终目标服务，即便牺牲掉一些软件质量也在所不惜。相反，一些客户可能更加在乎 App 有个更高的品质、可靠性和稳定性。类似地，可能有的客户更关注那些既有用户的使用体验，而另一些则强调去不断地吸引新的用户。所有这些动机以及想法都不同程度地影响着最终产品的设计和实现。

如果你是一家大公司的开发人员，那么你的"客户"可能根本就不是那些真正的终端用户，而是公司中的某个掌权人。而想要让开发的应用最终能够上线并投入使用，就必须得到这些内部"权威人士"的认可与批准。例如，在许多像 Google、Yahoo 和 Facebook 这样的公司中，每年都会有大量的项目"胎死腹中"。究其原因就是这些"夭折"的项目没有能够通过内部的评审。

» 整理并总结产品文档和功能需求。客户通常会对产品有一个整体的印象，所谓的"印象"就是这个 App 能够完成的一系列任务。一般而言，客户对产品功能的印象会帮助他们顺利地使用这个产品。

» 对成果和交付时间达成共识。几乎所有的客户都希望能够"多快好省"地开发一个产品，而这往往会与实际的"条件"（如时间、人力）存在矛盾（通常都会存在时间不足、人手不足的情况）。对于开发人员而言，最重要的是理解哪些功能是必须要做的，哪些功能是在时间允许的条件下可选的。如果每一个功能都是必须要做的，我想作为一个开发人员，要么是尽量与客户协商为这些功能制定一个优先级，以备在时间不够或人手不够的情况下可以考虑适当删减，要么充分考虑各种可能遇到的困难，协商出一个相对足够的开发周期。

TIP

估算开发工期是项目管理工作中一项很困难的事情。因为软件工程与土建工程（例如盖房子）、一般性的脑力劳动（例如记笔记）不同，在整个开发过程中有太多的可变性和不确定性。即便是世界上最好的软件公司中最有经验的程序员也难免会发生错误。所以当项目的最终工期超过原计划时也没必要过于自责，认真总结并吸取经验教训即可。对于工期的估计能力将会随着时间和经验的增长而逐步提高。

在成功地将所有功能分成必须实现和可选实现两部分以后，就应该分析并识别哪些功能容易实现，哪些功能比较复杂。如果缺乏足够的开发经验，这件事情恐怕也会比较困难。一个比较好的思路是寻找某个功能在其他的应用中是否有相似的实现。可以通过在互联网上搜索具有相似功能的产品或者在各大论坛上寻找针对某一特定功能的技术解说来估计某个功能的实现难度。如果没有任何一个应用实现了这个功能或者所有的在线讨论都认为这个功能比较复杂，那么也许做适当的妥协放弃这个复杂的功能，转而设计一个相对简单的、具有一定可替代性的功能是更好的选择。

» 提前明确将使用何种工具和软件来完成这个项目以及用户将使用何种工具或软件来使用 App。要花时间去了解客户或者用户的工作流程，以避免由于不兼容软件的存在而影响产品的最终上线。Web 软件通常在各种各样的设备上都可以运行，但是旧版本的操作系统或浏览器可能会导致一些问题。在项目开始阶段要明确支持何种浏览器的版本（例如 Windows 的 Internet Explorer9 及后续版本）、何种设备（如台式计算机和 iPhone 等），这将进一步节省开发与测试的时间。通常应该基于某些平台的既存普通用户及团体用户的数量来做这样的决策。例如某一版本的浏览器目前在市场上的占有率在 5% 以上，那就应该支持。

TIP

随着目前桌面版以及移动版浏览器的不断更新（是指自身版本的更新），浏览器间的兼容性也变得越来越好了。此外由于互联网接入的普及率越来越高以及收费的不断降低，浏览器自身版本的更新也越来越容易。

10.5 与各方专业人士为伍打造自己的Web应用

对于本书中提到的 App，我们可以独立完成。但是在真实的世界中，我们每天都在使用的那些诸如 Google Map、Instagram 等都是由不止一个团队的很多人共同协作、开发完成的。一个产品的开发团队可能会有不同的规模，有一些大型的团队甚至会达到 50 人。每个团队成员都会因为所处的领域不同而扮演不同的角色、完成不同的任务。如设计、开发、产品管理以及测试等。在小公司中，同一个人可能会扮演不同的角色。大公司中分工会进一步细化，很多时候一个人只能做一类事情，扮演一个角色。

10.5.1　与设计师一起完成产品的界面设计

在着手编写代码之前，设计师通常会通过设计页面布局、视觉和交互效果来完成一个网站的外观与操作体验的设计。设计师的工作简单地说就是使用设计的"语言"来回答这样的简单问题：导航菜单应该放在页面的顶端还是底端？或者回答这样的复杂问题：如何通过我们的设计向客户传递一种简约、创新以及好玩的理念？通常设计师通过客户访问、制作产品概念图等方式广泛收集意见，并根据意见改进自己的设计，最后做出一个优秀的设计。良好的设计可以吸引更多的客户使用网站，比如苹果的 iPhone 和 Airbnb 网站等，苹果公司的首度设计师 Jonathan Ive 如图 10-3 所示。

图10-3
苹果公司的 SVP，首席设计师Jonathan Ive，为苹果产品在设计上取得的巨大成功做出了卓越的贡献

当开发一个网站或者 App 的时候，我们可能会需要一个设计师来协助完成视觉方面的设计。但是要注意的是，在设计工作中也有几个不同的细分角色需要设计师"扮演"。以下的几个角色是互补的，可能由一个人或者不同的人来完成。

» 用户界面（UI）和用户体验（UX）设计师通常使用页面布局来解决网站外观和使用体验的问题。当浏览一个网站（如 Amazon 网站）时，你可能会注意到所有的页面导航菜单以及内容都在相同的位置，并且使用相同的或者非常相似的字体、按键、输入框以及图片。UI/UX 设计师通常会考虑在不同的设备屏幕上将采用什么样的顺序来组织内容并显示给用户，以及让用户在哪里单击、如何单击、如何输入文字以实现其与网站交互的目的。如果去听一听 UI/UX 设计师之间的讨论，你可能会听到这样的对话："他的页面有点乱，需要的用户操作太多；在我们的网站上用户完全不需要做出这么多选择；接下来通过一个"Buy"按键来进一步简化这个页面的布局，这样用户就可以只通过一次单击完成购买。"

» 视觉设计师的任务是设计那些显示在网站页面上的图形。这个角色是设计工作中非常重要的一环。视觉设计师将会完成最终版本的图标、标志、按键、样式以及图片等的设计。

例如，观察自己的浏览器界面：浏览器图标、后退按钮、刷新按钮以及书签按钮等都是由视觉工程师设计并制作出来的。任何第一次使用浏览器的人只看这些图标就会马上理解它代表的含义。如果去听一听视觉工程师之间的讨论，大家可能会听到这样的对话："这些图标上的色彩对比度太高，可读性太差；如果需要在图标上加入文字，那么就把文字居中显示，并且显示在图标的底部。"

» 交互设计师主要通过用户的输入和位置来完成交互以及动画的设计。最初交互设计只局限于键盘和鼠标的交互，如今移动设备上的触摸屏为交互操作带来了更多的可能性。交互设计师通常需要考虑的是如何通过一个最佳的交互设计来使得用户能够通过最简单的方法完成一项操作。例如，回忆一下在智能手机上是如何检查和处理电子邮件的。多年以来，传统的交互方式是通过一个邮件列表来选择并单击一个邮件，之后通过单击"回复""标记""文件夹"或者"删除"等按键来完成相应的操作。在 2013 年，交互设计师对电子邮件应用的交互方式做出了较大的改进，使得用户可以通过向左或者向右滑动屏幕的方式来选择删除或者回复邮件。在移动设备上这样做显然要比通过单击菜单方便得多。如果听一听交互设计师之间的讨论，大家可能会听到这样的对话："当用户使用地图应用来导航时，与其说让用户通过单击或者滑动来通知应用程序自己迷路了，不如让用户通过晃动手机的方式来告诉应用。当应用检测到用户的操作后可以立即安排一名客服打电话给客户，告诉他具体的方位与路线。"

如果说开发一个应用就像拍摄一部电影，那么设计师们就好比编剧，他们在不知不觉之间使用各自的方式决定着这个 App 的命运。

10.5.2　与前端和后端工程师一起编程

当设计工作告一段落后，前端及后端工程师将粉墨登场。他们将设计师"纸面上"的应用呈现给每一个用户。所谓前端工程师，就是那些使用 HTML、CSS 和 JavaScript 语言，将设计师的设计理念转化成程序的人。比如大名鼎鼎的 Bootstrap 创始人 Mark Otto 和 Jacob Thornton，他们都是前端工程师的杰出代表，如图 10-4 所示。这些人通过编写本书前面章节中的各种代码来完成编程任务，并且要保证网站的外观在不同的设备（台式计算机、便携式计算机和移动设备）、不同的浏览器（Chrome、Firefox、Safari 等）以及不同的操作系统（Windows、Mac 等）上能够相对一致。所有这些因素交织在一起，再加上近年来快速增长的移动设备数量，使得前端工程师需要保证所编写的程序能够兼容几乎所有的情况。因为每一种设备、浏览器以及操作系统都有可能针对相同的 HTML、CSS 程序做出略有不同的解释。

图10-4
Mark Otto和
Jacob
Thornton，著
名的Bootstrap
的创始人，
Bootstrap是目
前世界上最流
行的Web前端
编程框架之一

还是使用之前的类比，如果将开发一个应用比作拍摄一部电影，那么前端工程师就好比演员，能否"传神"地将剧本（设计师的设计）演绎出来，决定了这个 App 的成败。

后端工程师根据前端工程师开发的界面来完成具体功能的实现。日本的著名专家 Yukihiro Matsumoto 就是后端工程师的杰出代表，如图 10-5 所示。后端工程师的工作是那些看不见的、幕后的工作。使应用能够正确、稳定地响应前端页面的操作请求是后端工程师的主要任务。后端工程师们通常使用诸如 Python、PHP 以及 Ruby 这样的服务端语言解决"何时、向谁发送什么内容"这样的问题。此外，他们还会使用数据库来保存用户数据，并且搭建服务器向所有用户提供服务。

图10-5
Yukihiro
Matsumoto，
著名的Ruby
语言创始人。
Ruby语言是一
种业界流行的
用于创建网站
的服务端语言

TIP

再次回到拍电影的话题，后端工程师就好比摄影师、特技协调人员、化妆师以及布景师等。人们看不到他们的存在，但却在时时刻刻地使用着他们的服务。

10.5.3　与产品经理一起管理项目

产品经理的职责是进行产品定义，并管理整个产品开发的过程。当工程团队规模很小（例如只有 15 个人或者更少）时，沟通、角色、职责等都非常清楚，也非常便于管理，几乎不需要外界的监管。不过随着工程团队规模的不断扩大，团队内部的沟通成本也水涨船高。这时如果省略了一些特定的流程，那么整个团队有可能将会失控，最终导致沟通不利、产品延期等后果。产品经理的职责是降低沟通成本。在产品开发过程中，当问题出现时，产品经理通过科学地分析，针对是否延期、调整产品功能范围或者追加人力资源等重大问题做出决策。产品经理通常都有技术背景，这些人对在开发工作中出现的技术难题或挑战都有着先天的优势，可以与技术人员一起共同解决问题。相反如果没有技术背景的人担任了这一角色，那么就会出现各种各样的问题。常常是工程师不愿意向产品经理汇报，这也导致很多人认为产品经理：承担所有责任却没有任何权利。作为有责任有担当、能够与团队患难与共、相互扶持的产品经理的杰出代表就是 Google 公司的 Sundar Pichai，如图 10-6 所示。他从一名

Google toolbar 产品经理逐步成长，最近被任命为公司的高管，掌管着 Google 公司的许多知名产品，如搜索引擎、Android 平台、Chrome、地图、Ads 以及 Google+ 等。

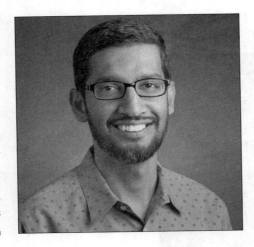

图10-6
Sundar
Pichai，
Google公司
高管，掌管着
Google几乎所
有重要的产品

10.5.4　与测试人员一起保证项目质量

当一款应用或网站完成开发工作后，测试就是它走向成功的最后一关。在一款产品从一个概念走向最终用户的整个过程中，测试工作扮演着非常重要的角色。因为对于一款新开发出来的产品，不可避免地存在多种的问题。测试团队通常会针对当前产品所有的功能、流程列出一个清单，然后通过手动测试和自动化测试等方式，针对这个清单在不同的浏览器、移动设备以及不同的操作系统上一遍又一遍地测试产品的各项功能，力求找到所有的软件错误。此后，测试团队会收集错误发生时的操作步骤、版本与环境信息、错误描述等，并对其进行充分的整理，以简练清晰、详尽的方式通知开发团队。开发团队收到这些 bug 信息后，会对它们进行优先级排序，然后决定先解决哪一个。不过现实情况往往是开发团队会在一个 bug 对用户的影响程度、修改 bug 需要花费的时间以及产品的上线时间之间做出妥协与平衡。最重要的 bug 要立即解决，一般性的 bug 则可能会通过更新或者发布新版本来修正。如今，很多公司也会依赖一种"反馈收集系统"的机制来从用户处收集错误报告。而这种系统有的时候采用的是人工填写表格的形式，有的时候则是自动化的报告，无须人为参与。

第11章

"明明白白" 做应用

如果我们知道自己在做什么，它就不会被称为研究了。

——阿尔伯特·爱因斯坦（Albert Einstein）

现在，经过上一章的学习，我们已经有了基本的开发需求。接下来就是调查如何开发我们自己的应用。通常，App 包括两个主要的部分：功能和设计。对每一个组成部分，我们都必须做到以下几点。

» 对 App "分而治之"。无论做什么事，"分而治之"都是一个好的方法。尤其对于大规模的、有许多人参与和协作的软件项目，将 App 从一个整体划分成许多个可管理、易掌控、合逻辑的小模块都是提前必须要做的事情。

» 对每一个小模块、小步骤做充分的调查研究。当开始做调研时，第一个需要弄清楚的问题就是自己独立实现还是要复用其他人已经完成的方案。这两种做法各有利弊。如果选择自己实现，显然结果与目标会高度一致，但比较耗时间。而如果我们选择使用其他人的成熟方案，那么这个方案有可能只满足我们的一部分需求。

» 为每个小模块、小步骤选择一个方案。当在实际编写代码之前，一定要保证每一个小模块、小步骤都已经有了相应的解决方案。对每一个小模块、小步骤，要决定是要自行开发还是复用他人方案。如果打算复用其他人的方案，那么就应该找出多个可选对象，然后做充分的对比。最终选择一个在功能完善度、质量等方面最合适的方案来使用。

11.1 将一个App划分成不同的步骤

对于所谓的"分而治之"，最大的挑战可能就是到底如何去对一个 App 做分解，分解后的每一个小步骤、小模块到底有多大。这个问题显然没有绝对的答案，但是比较关键的一点是要确保划分出的小模块、小步骤相互之间要独立，功能上没有重叠。假如对于如何分解已经有了一个初步的思路，那么判断这个思路是否具有可行性的一个重要标准就是如果把这个思路让其他人来实现，那么这个人是不是可以在不需要过多说明的情况下能够迅速地理解思路并且能够顺利地实现思路中的每一个小模块、小步骤。

11.1.1 理解需求

首先回忆一下第 10 章提到的唐老鸭公司的案例。他们为了促进餐厅的销量，打算开发一个 Web 应用，这个应用的功能是当潜在客户在某一家连锁餐厅附近时，该应用就向客户推送优惠券或免费品尝邀请。为了简化整个开发工作，首先将目标餐厅锁定为 1 家（可以想象这种连锁餐厅在全国会有多少个加盟网点，如果对所有的网点都实现这个功能，那么整个程序将会很复杂）。接下来将这个应用的功能做进一步的分解。要注意的是，这些分解后的"步骤"不能过于具体。可以试想一下，如果向一个外行人士（例如幼儿园老师）解释时，应该以一个什么样的口径去解说才能让对方听得懂。所以要从一个更加宏观的层面去看待我们的应用，这样才能够做出一个相对合理的划分。接下来拿起笔和纸按照顺序将这些"步骤"写下来。不必担心这些"步骤"是否正确合理，这种技能不是一天两天就能够学会的，但是可以通过日积月累的重复和总结不断得到提高。针对这个事情，为了让大家能够有一个良好的开始，以下是一些提示。

» 首先假设当用户打开 App 后，需要通过按下一个按键来"关注"这家餐厅。这样 App 就处于"激活"状态了。

>> 当用户按下这个按键时，App 必须能够感知到哪两个地理位置？

>> 当 App 成功地获取这两个地理位置后，App 针对这两个地理位置必须完成什么样的计算？

>> 当 App 完成针对两个地理位置的计算后，需要 App 显示什么样的结果或者完成什么样的操作？

针对这些提示，请大家列出一张清单，将它们补充完整。在完成这张清单之前最好不要继续阅读后面的章节。

11.1.2 理解需求：从写在纸上到刻入脑海

根据唐老鸭公司的需求，以下是基于我的理解所整理出的这个 App 的功能步骤。我的思路可能与大家的不同，不过这种"求同存异"是良性的。"条条大路通罗马"，只要大家的思路能够合乎逻辑，并且最终可以保证功能得以完整实现，那就是一个可行的思路。我想大家最关注的是为什么我所提供的每一个步骤对于完成这个 App 而言都是必需的。

（1）用户按下 App 的一个按钮。

这个步骤等于告诉用户 App 需要通过这个按钮来完成初始化工作。也就是说，启动这个 App 有以下两种途径。

● 在后台不停地执行这些步骤，定期地检查客户的地理位置。不过这样的做法将会严重消耗电池电量，并不推荐这样做。

● 只有在用户打开这个应用时才执行这些步骤。

（2）当用户按下这个按钮时，查找用户所处的地理位置。

用户所处的地理位置信息是该 App 需要的两个重要位置信息之一。显然这个位置信息不是固定的，是不断变化的。因为现实中用户会带着移动设备去各种各样的场所。

（3）获取目标餐厅的地理位置。

目标餐厅的位置是 App 需要的另一个关键信息。因为目标餐厅的位置起到一个向导的作用。不过在我们的需求中，它得到了适当的简化。我们只需要获取一家餐厅的位置信息即可。显然，这样做的话，餐厅的位置信息将是一个固定的信息，不会变化。试想一下，如果这个 App 取得了成功，唐老鸭公司打算将这个 App 推广到他们旗下所有的 35 000 家餐厅，以及所有到这些餐厅就餐的客户手中，我们就应该记录并跟踪这 35 000 家餐厅的位置。此外，现实的情况是，还需要定期地更新这 35 000 家餐厅的位置信息，因为不断地会有新店开张、老店关门或搬家。

（4）计算客户当前位置与唐老鸭餐厅的距离，并将这个距离命名为"客户距离"。

这个步骤计算客户距离餐厅有多远。稍微有点复杂的地方是需要注意客户移动的方向，不过现阶段不必太担心。因为在唐老鸭公司的需求里，并没有区分"接近中的客户"和"远离中的客户"。所以，这件事情还需要听一下客户唐老鸭公司的意见。

（5）将客户提出的"5 ~ 10 分钟的距离"这个需求翻译成具体的以千米为单位的物理距离，它被称为"距离阈值"。

唐老鸭公司的 CEO Corleone 打算将本次推销的目标客户锁定为"距餐厅 5 ~ 10 分钟路程"的人。这里所提到的距离既可以使用时间长度来衡量也可以使用类似千米这样的长度单位来衡量。为了保持一致性，我打算将以时间为单位衡量转换为以距离为单位衡量。这就是说，我打算把唐老鸭公司领导提出的"距餐厅 5 ~ 10 分钟"的距离转换成千米。但是到底转换成多少千米可能要依赖于客户使用的交通工具以及当地的交通状况。因为如果在纽约，这个"5 ~ 10 分钟"的实际距离就要比在休士顿短很多，因为纽约人多车多，这么短的时间也走不出很远。

（6）如果"客户距离"小于"阈值距离"，那么就向客户推送邀请。

根据唐老鸭公司的需求，这个 App 是要吸引客户来店内消费的。因此这个 App 只向那些距离餐厅比较近的客户发出邀请。另一个可能稍微复杂一点的事情是这个所谓的"客户距离"可能会快速变化。如果客户开车经过的话，很可能会在 1 分钟之内进入我们的"视线"，然后又迅速地从我们的"视线"中消失掉。不过也不用过于担心。图 11-1 展示了对于一家位置固定的餐厅我们的目标客户群。

上面步骤中的每一个都很重要，可以说是缺一不可。不过即使是最有经验的程序员也不能做到尽善尽美，也常常会因为忽略掉某个重要的步骤而导致软件出现逻辑错误。我建议大家花一点时间认真研究一下这些步骤，并思考为什么每一个步骤都不能省略，以及为什么这里所列出的就是这个 App 的最小基本功能集合。

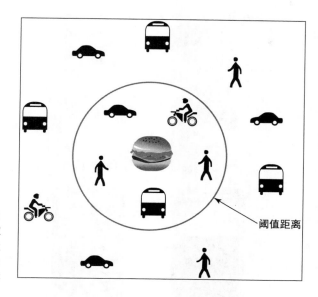

图11-1
基于一个固定
的餐厅位置
想要锁定的
客户群

阈值距离

11.1.3　为App设计外观

当已经明确了 App 都有什么样的功能，也明确了从开发的角度来看都需要做什
么，那么接下来就需要为 App 设计一套良好的外观，以使其能够更好地呈现给
用户。用户可以通过很多种方式使用 App 的功能，因此找到一种最合适的方式
很有挑战。设计一个应用程序可能会很有趣而且获得很好的回报，但这是一项
艰苦的工作。常常是我们刚刚满怀信心地完成第一个版本的设计后，开发者总
是感到失望：这样的设计有问题，用户不会按照我们希望的方式使用 App，而
且有一些功能本身就容易让人产生困惑。不要为此而感到沮丧，因为这种事情
太正常了：尤其在这里我们的使命是创造一些东西，并且让用户做他们之前从
未做过的事情。如果遇到这种情况，我们别无选择，只有不断地尝试，不断
地实验、修改，然后提出新的创意，直到用户觉得新的创意简单好用为止。例
如，虽然 iPod 是一个硬件产品，但是苹果公司通过产品的不断更新换代来一
次又一次地改进它的设计使之越来越完美，最后成为无数消费者心目中电子产
品的"翘楚"，App 外观的设计本质上也是如此。图 11-2 展示了苹果 iPod 随着
时间的推移，不断改进设计的过程。从最初的"旋转轮盘 + 按圆周排列的按钮"
到"水平独立按钮 + 旋转轮盘"，以及最后的"可单击式轮盘"，苹果公司从来就没有停止过对其产品设计的不断改进和完善。

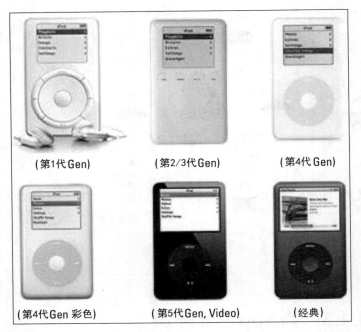

（第1代 Gen）　　　　（第2/3代 Gen）　　　　（第4代 Gen）

图11-2
随着数次新产
品的发布，苹
果公司不断改
进iPod产品的
外观设计

（第4代 Gen 彩色）　　（第5代 Gen, Video）　　（经典）

完成 App 的外观和用户体验设计所需要遵循的流程如下所示。

（1）定义 App 的主要功能目标。

如果我们发现，很难通过一句话来说清楚自己的 App 是用来做什么的，显然这不是一个良好的设计。比如，有些 App 帮助叫出租车，在餐厅里预订座位，或者预订机票等。此外，一个最著名的关于产品的功能定义的例子就是 iPod，它的功能目标是：在口袋里装下 1000 首歌，3 次单击就能完成播放动作。正是这种清晰且明确的功能定位，帮助苹果公司开发出了最为简单易用的产品外观与良好用户体验。一个清晰的功能目标将会指引设计方向，解决所有设计过程中遇到的问题，并且会鞭策我们不断地尝试，直到找到最优方案。

（2）将功能目标分解成小的任务。

目标就是许多细分小任务的总和，将任务清晰地列出来能帮助开发者有效地解决每一个任务且找到最优的路径，最终实现目标。例如，如果 App 的功能目标是帮助用户预定航班，那么这个 App 需要能够接收用户输入计划出发时间以及目的地，并根据用户的输入，搜索和选择起飞时间符合条件的所有航班。此外还需要允许用户输入个人信息以及支付信息，向用户展示可选座位示意图，并且在最后确认用户的支付操作。有的时候设计师会根据用户的角色来切分不同的人物设置。这里所谓的"角色"显然应该是用户的又一种"称呼"。例如，某个 App 的目标用户群是商务和休闲旅客。以休闲为目的的旅客可能会不断地查找，然后基于价格选择航班。而商务旅客则因为常常会去相同的目的地出差，因此他们通常会找出之前预定航班的历史记录，然后只更新出行时间，再次预定。并且商务出行的旅客选择航班的标准是出差的日程。

（3）梳理用于完成这些细分任务的业务流程以及交互流程。

例如，航班预订 App 需要用户选择日期和时间。一个首要的问题就是日期和时间是否应该处于两个不同的选择框，并且日期和时间的选择框是否要和目的地选择框处于同一个页面上。最好尝试着把你觉得最清晰易懂的界面设计画出来，并且要充分参考其他同类 App 解决这个问题的具体做法。可以使用搜索引擎去查找其他的出行 App，列出所有不同的设计风格，然后从中选择一个来模仿或者改进。图 11-3 展示了 2 种不同的航班搜索功能的设计思路。类似地，也可以参考那些专业的页面设计网站，如 Dribbble 等。可以在这样的网站上找到一些成熟的设计风格。

图11-3
针对"航班预订"功能的不同外观设计，示例分别为Hipmunk和United Airlines

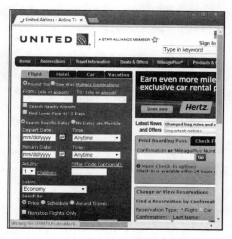

（4）创建基础设计框架，它们通常被称为"框图"，然后收集用户反馈。

如图 11-4 所示，"框图"不必太逼真，它只是用来展示网站的结构，以及如何与用户交互。"框图"很容易创建，好处也很明显，因为它包含了所有必要的细节，因此很容易让人们理解我们的思路，并给予及时的反馈。许多框图制作工具通常使用那些像铅笔一样的线条来使设计师将注意力更多地放在页面的结构以及相对宏观的设计上，并不十分关注如按钮颜色、边线宽度等细节。这个阶段的用户反馈非常重要，因为这个时候完成的框图很可能不会有效地解决用户最为关心的问题，并且常常会把一些基本的任务设计得过于复杂。

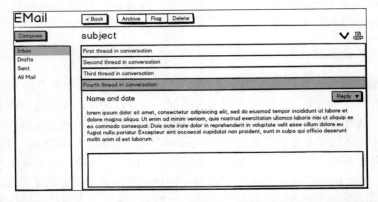

图11-4
一个针对电子
邮箱客户端
应用的框图

随着移动设备的快速普及，移动设备无论是增速还是使用频度都超过了台式计算机，所以一定要针对移动设备和台式计算机创建不同的框图版本。

（5）创建模型并收集反馈，如图11-5所示。

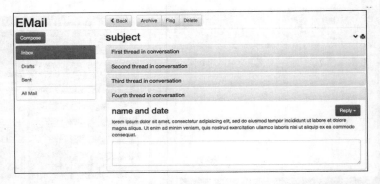

图11-5
一个电子邮箱
客户端的模型

当与客户或用户进行充分沟通以后，那么就应该着手制作模型了。当然，这个阶段所做的模型就应该与最终的网站设计具有很高的相似度了，其目的就是为了让大家关注细节。这个模型所展示的所有细节，基本上都是最终开发人员需要着手去实现的，包括最终的页面布局、颜色、嵌入的图片、标志以及画面迁移效果等。上述细节可以全方位地展示用户如何与页面进行交互。在完成模型的制作后，要注意收集各方面的反馈。

在设计流程中的每一个阶段都收集用户反馈看似无用，但实际上这种做法更加便于区分不同设计思路的优劣，并且易于修改，而这一切在编码工作开始后就会变得十分困难。

（6）把最终的设计交给开发团队。

当完成模型并且最终获得批准后，我们通常需要把最终的设计资料交付给开发团队。虽然这里提到的设计资料可能就是一个 PNG 或 JPG 图片，不过实际上目前在设计领域最流行的文件格式是使用 Adobe Photoshop 生成的 PSD 文件。

11.1.4 为App设计外观：唐老鸭餐厅App的外观设计

本节将沿着之前介绍的设计流程来针对唐老鸭餐厅 App 完成一套简单的设计方案。作为设计工作的一部分，我们应该完成以下工作。

（1）定义 App 的主要功能目标。

唐老鸭餐厅 App 的功能目标是吸引顾客来餐厅就餐。

（2）将这个功能目标分解成不同的小任务。

顾客需要能够查看邀请的细节、导航到餐厅所在地并使用 App 提供的打折券或者免费品尝券。

（3）梳理用于完成这些细分任务的业务流程以及交互流程。

由于这是设计工作的第一步，主要关注如何让客户查看邀请的细节。有一个在唐老鸭公司的需求中没有明确说明的细节是：是否允许用户保存单次打折券和共享通用打折券。不过如果看一看图 11-6 所示的其他类似 App 时，答案就非常显而易见了。并且，一些类似的 App 还允许顾客直接购买打折券。我觉得这可能也是个很好的功能，需要加入 App。这些关于细节功能的思考和完善对于我们的客户唐老鸭公司而言是非常有益的，如果向他们做出提案，他们一定会欣然接受。

图11-6
目前市场上一
些常见的团购
类App的类似
流程定义

图 11-6 中展示的几个 App 在显示不同的打折、团购信息之前，还提供了各式各样的"行为召唤"（比如"免费试吃""欢迎试穿""买一赠一"，这些都是营销过程中的行为召唤）按钮。有些 App 要求用户单击并链接到一个特定的页面上，有些 App 要求用户购买打折券，另外，还有一些 App 显示了一些当日最新或者即将发布的打折券信息。

对于我们而言，为了让程序更简单，姑且认为这个 App 的页面上有一个按钮，用户按下这个按钮之后，就选中了他们最喜欢的唐老鸭餐厅的某个门店，当用户与这个门店的距离小于预设的阈值时，该用户就会自动收到一个免费的通用打折券。

（4）创建基本的设计图，也就是前面讲过的"框图"，然后收集反馈。

如图 11-7 所示，这是一个参考了其他 App 的外观与用户体验做出的一个示例。

图11-7
为唐老鸭餐厅
App制作的简
单框图

（5）制作模型，并收集反馈。

通常，设计师需要根据框图进一步细化设计，包括页面上需要用到的各种图片，都需要尽可能地使用真正的效果图（而不是简单地使用一个假的替代品），完成后把它交给客户来收集反馈。不过对于这个案例而言，因为本身属于实验性的，并且确实太简单了，所以这一步可以省略掉，直接编码就可以了。

11.2　寻找可复用的资源

到现在为止，我们已经清楚地理解了 App 需要完成什么任务，接下来就要把精力转到如何实现这件事情上了。此前将这个 App 拆分成了很多更加细小的步骤，也针对每一个小步骤做了一些调查研究，以明确如何去完成它们。不过这个例子确实非常简单，大家很容易就能够为其中的每一步找到一个解决方案。如果需要实现的是一个更加复杂的 App，开发者首先需要针对以下两个开发方式做出慎重的选择。

》 从头开始实现。如果某一个步骤中的功能确实属于独创，或者这个功能确实非常重要，是整个业务的主要卖点，并且成熟的解决方案要么根本不存在要么复用的代价特别高（例如那些收费软件或者功能差异比较大，需要对其做出很多调整），那么从头开始实现是最好的方法。如果选择这个方案，我们自己或者是公司的整个开发团队就要为此自行编写代码了。

》 购买或者复用一个成熟的方案。如果某个步骤中的功能很常见且不是核心功能，并且既存的成熟方案价格公道，那么购买或者复用一个成熟的方案更加适合。如果选用这种方案，那么我们自己或团队的成员就需要花一些时间来考虑如何使用第三方开发的程序库，以保证它能够真正为我所用，最终达成的结果与预期相符。

一个关于是否复用第三方解决方案的著名案例是苹果公司的地图产品。最近他们公开地、当然也是很痛苦地做出了放弃使用第三方地图服务的决定。在 2012 年，经历了数年与 Google Map 服务在移动设备上的合作后，苹果决定在它的移动设备上使用其历时 2 年自主研发的地图应用。虽然苹果自行研发的地图产品最初看起来很差劲，不过苹果公司一方面认为地图应用是它移动产品中一个重要的战略级功能，另一方面也是因为 Google 的地图服务中缺少某些高级功能，长远来看会影响苹果产品的市场竞争力，所以经过慎重权衡后最终做出了自主研发的决策。

对于我们而言，无论是打算自行开发还是购买其他第三方的服务，首先要做好的就是调查研究。下面是一些在调查研究中可以充分使用的资源。

» 搜索引擎。使用 Google 或者其他搜索引擎进行查找。通常应该将那些经过细分后的每一个小步骤都进行充分的调研。做这件事情面临的第一个挑战是：需要搞清楚自己想要查找的内容或功能，在业界是如何命名的。例如想要实现"定位我的当前位置"这个功能，可能会在搜索引擎中输入"在 App 中显示我的位置"。但如果使用这种关键词来搜索的话，得出的结果将会是很多共享位置的应用程序。显然这并不是我们想要的。不过不要紧，现在来读一读这些搜索结果的内容，就会发现关于"追踪位置"这件事情，业界还有一个名词：地理定位（geolocation）。于是当使用这个名词进行搜索时，得出的结果就是我们想要的了：一大串用来取得当前位置的示例程序。

不可避免地要搜索各种各样的示例代码。为了保证搜索能够得到想要的结果，要注意在搜索关键词中加上希望得到的语言名称以及"语法"（syntax）这个词。例如想要在页面上插入一幅图片，请搜索"HTML 图片语法"这几个字，这样就能够更加容易地找到想要的示例程序了。

» 对商业软件和开源软件做出选择。要充分了解第三方程序的各方面细节，这将让我们更加清楚如何对这些第三方的程序加以应用并改进，同时也可以更加灵活地使用这些第三方的技术，发挥其潜能，并最终得到更好的效果。例如，想要开发一款能够自动识别电视广告声音的 App，成功识别后，这款 App 将自动在移动设备上将用户导向广告所宣传产品的主页。为了开发这个 App，我们需要开发自己的语音识别技术。显然这不是一件容易的事，需要耗费数月甚至数年的时间。我们也可以选择使用一个名为 Shazam 的商业应用或者另一个名为 Echoprint 的开源音乐识别服务。这两个服务都可以记录 10 ~ 20 秒的语音样本，通过滤除背景噪音以及通过特定的算法对低灵敏度传声器造成的音质损失进行补偿，将这些语音样本转化成相对高质量的数码样本。此后将得出的数码样本与大规模语音数据库做比对和查找，最终返回这段声音样本的识别信息。

» 行业新闻和博客。传统的诸如《华尔街日报》等报纸以及诸如 TechCrunch 这样的技术博客都在随时跟踪报道那些最前沿的科技创新。在这些网站上进行浏览和搜索也是一个很好的途径，可以更加准确地找到想要的东西。

» API 目录。针对想要实现的功能，你可以搜索到成千上万个可用的 API。例如，想要开发一款使得用户不必输入密码只通过面部识别就可以登录的 App，你可以通过搜索"面部识别 API"这个关键字来找到很多可用的内容。然后使用这些 API 来实现面部识别功能。这样的做法一定比从头开始开发面部识别算法要快得多。常见的 API 目录有 ProgrammableWeb 网站和 Mashape 网站。

正如在第 9 章中所介绍的，API 是我们与其他程序建立联系、发送请求并接收数据的一种途径。使用 API 收发数据具有结构化、可预测、文档化的特点。

» 用户自发的编程网站。不同公司的开发者在面对如何实现某一功能的时候，通常会遇到相同或者相似的问题。在线社区的开发者经常会针对这些问题展开讨论，并且很多时候都会将自己过去针对这一问题的解决方案（代码、思路等）贡献出来，以供他人参考。我们可以参与这种开发者之间的讨论，参考别人贡献的代码。这样的网站有 Stack Overflow、GitHub 等。

11.3   为App的每一个步骤寻找解决方案

为了实现唐老鸭餐厅 App 的各个功能，我们将这个 App 的功能实现分解成了 6 个步骤。现在要着手调研如何将这 6 个步骤利用前面章节中学到的编程知识转化成代码。这个 App 需要使用 HTML 将内容整合到页面上，使用 CSS 调整这些内容的风格，使用 JavaScript 来为页面添加交互式效果。要尽量独立地针对这 6 个步骤中所描述的功能做调研，一边调查一边记录已经明确的结果，然后再去下一个小节看看我给大家准备的示例代码。

» 第 1 步：用户按下 App 中的一个按钮。这些代码将会创建一个按钮，按下这个按钮后，你将会触发后续的各个步骤。在 Web 页面上创建按钮是一个非常常见且简单的事情，由此就可以将调查范围收窄，直接在搜索引擎上查找"HTML 按钮"即可。接下来就在搜索结果中有选择地找一些看起来内容最接近的链接来读一读，然后记下如何使用 HTML 标签语法创建一个名为"唐老鸭餐厅登录"按钮。

在搜索结果中，W3Schools 网站是用来为初学者服务的，这个网站中通常会有很多示例代码以及简单易懂的解说。

» 第 2 步：按下按钮后，查找用户的当前位置。在网络名词中，查找用户的当前位置被称为地理定位。我将会给大家准备一个使用 JavaScript 实现这个功能的示例程序和针对这段程序如何工作的简单说明，以及这段程序的来源。为了触发这段程序的运行，需要在 HTML 按钮标签中添加一个属性来调用这段程序中一个名叫 getLocation() 的 JavaScript 函数。

属性通常应该被添加到 HTML 的起始标签中，这一点第 4 章已经讨论过了。

可以在搜索引擎中搜索如何在 HTML 代码中添加 onclick 属性。对于搜索出来的结果，需要花点时间读一读，然后针对具体的实现方法做一下记录。

» 第 3 步：查找唐老鸭餐厅的固定地址。需要为唐老鸭餐厅指定一个真实的地址，可以使用 Google 地图服务来查找一个距离比较近的汉堡餐厅的具体地址。计算机通常使用经纬度的数字来描述物理地址，一般不使用常见的门牌号码。搜索一下可以将门牌号码转换成经纬度数字的网站。或者说假如使用 Google 地图，那么可以在 URL 中找到经纬度的数字，如图 11-8 所示。在 @ 和逗号之间的数字是纬度，在两个逗号之间的第二个数字是经度。图 11-8 展示了纽约某家麦当劳餐厅的地理位置。它的纬度是 40.741 034 4，经度是 –73.988 076 3。

用这种方法可以得到所选择的汉堡餐厅的经纬度信息，把它精确到小数点后 7 位然后记录下来，注意这里还要包括符号信息（比如这个 "-" 号），所有这些符号、整数位、小数位合在一起才构成具有高精确度的经纬度数据。

» 第 4 步：计算用户的当前位置与唐老鸭餐厅之间的距离，并将这个距离命名为客户距离。经纬度信息只表示了地球上某一个地点的坐标。地球上 2 个坐标点之间的距离通常使用半正矢（英文名称为 Haversine）公式来计算。可以在 Stack Overflow 网站上针对这个公式找到一个 JavaScript 实现的版本。这就是在计算客户距离时将要使用的公式。当然我也会给大家共享实现这个公式的代码。

不过要注意，不要被这个公式的复杂工作原理吓到。在软件编程领域，"抽象" 是一个重要的概念。这个概念的含义是只需要理解一个系统的输入是什么以及输出是什么，不必过多地关注这个系统本身的运行原理。一个形象的类比是，为了学会开车，只需要关注汽车的驾驶技巧就可以了，没有必要去理解内燃机的工作原理。

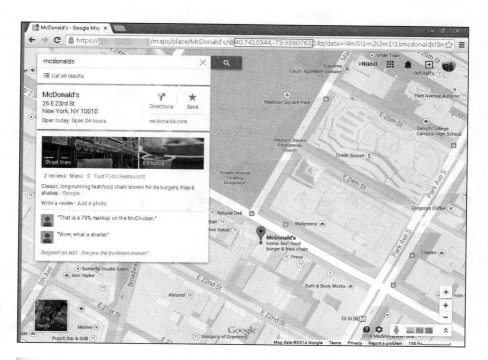

图11-8
纽约一家汉堡
餐厅的经纬度

>> 第5步：将5～10分钟的路程转化成一个距离单位，它被称为距离阈值。这个可能需要你亲身体验一下在你所在的城市里选择最普通的交通工具在5～10分钟的时间里平均可以走多远。

>> 第6步，如果客户距离小于阈值距离就像用户推送邀请。针对这一点我想应该从两个方面来调查。首先是这里提到的条件（如果客户距离小于阈值距离），它将决定是否向用户推送邀请，其次是邀请的细节，如下所列。

● 条件。可以使用 JavaScript 的 if-else 语句来实现。如果（if）用户在阈值距离之内，则推送邀请。否则（else）显示其他消息。如果大家忘记了 JavaScript 的 if-else 语法，可以在搜索引擎上查找（或者回顾一下第9章中针对 if-else 的说明内容）。

● 给用户推送的邀请。显示一个邀请的最简单做法是调用 JavaScript 的 alert() 方法。可以在搜索引擎上查找"Javascript alert 方法"。

当做完所有的调研工作后，就可以使用 JavaScript 的 if-else 语法判断用户是否处在阈值距离之内了。如果是就通过调用 alert() 方法显示"赠送免费汉堡一个！"，并且外加上一段文字告诉用户当前已经处于登录状态了。

TIP

如果这里提到的 if-else 语句都能够正常工作，就可以将 alert() 方法中的文字部分替换成一个图片。可以在 Google image 上搜索一个真实的汉堡打折券的图片。找到之后，就在搜索结果的网格显示页面上使用鼠标单击这个图片，然后再次单击"View Image"按钮。当图片加载时，这幅图片的真实地址就会显示在浏览器的地址栏里。第 4 章介绍了如何在页面上插入一幅图片，大家如果忘了的话可以回顾一下第 4 章。

11.4 为每一个步骤找到一个解决方案

当调研工作结束后，就需要为 App 寻找一个最佳的解决方案了。如果某个步骤存在多种解决方案，那么就从中选择一个来使用。为了帮助大家做出选择，本节列出以下几个要素来衡量这些解决方案的优劣。

» 功能性。打算编写的程序或者打算选用的成熟方案能够解决所有的问题吗？

» 文档完善度。打算选用的成熟方案是否有附加文档？这里说的文档是指配以示例的手册、教程等。

» 社区以及技术支持。如果在编写程序的过程中遇到了问题或困难，是否有在线社区可以求助？类似地，如果打算选用某个成熟方案，那么针对这个方案是否有技术支持？

» 实现方案的复杂度。这个方案是否简单到了只需要复制几行代码就能搞定的程度？还是需要复杂的环境设定或者是需要安装特定的支持软件才可以？

» 价格。每个解决方案都有代价，有时这种代价是自行编写程序所花费的时间，有时是使用第三方程序所花费的金钱。在面临选择的时候要认真考虑到底是时间重要还是需要付出的资金重要。

之前针对唐老鸭餐厅 App 的功能细节我们提出了几个需要调查研究的问题点。以下是针对这些问题点的建议解决方案。当然，大家通过自行调查得出的方案可能会和本书所讲的不一致，不过没关系，大家可以再看看之前的问题，分析一下自己的方案与本书提供的方案区别在哪里，思考一下哪种方案更好，为什么。

» "用户在 App 中按下一个按钮。"用于创建一个名为 "McDuck's Check-in" 按钮的 HTML 标签语法如下。

```
<button>McDuck's Check-in</button>
```

HTML 按钮标签的语法可以参考 W3Schools 网站上的相关说明。

» "按下按钮后,查找用户的当前位置。"用于按键相应的 HTML 语法如下。

```
<button onclick="getLocation()">McDuck's Check-in</button>
```

通过按键来调用 JavaScript 函数的语法可以参考 W3school 网站上的相关说明。

» "查找唐老鸭餐厅的固定地址。"我选择了纽约麦迪逊广场附近的一家麦当劳餐厅,它的纬度是 40.741 034 4,经度是 –73.988 076 3。当然你们选择的餐厅经纬度应该与我的不同。

» "计算用户当前位置与唐老鸭餐厅之间的距离,并将这个距离命名为客户距离。"以下是半正矢(英文名称 Haversine)公式的具体实现代码,它被用来计算两个坐标之间的距离。我是在 Stack Overflow 网站上找到这段代码的,不过稍微修改了一下这段代码,将它的返回值单位从公里改成了英里。

```
function getDistanceFromLatLonInKm(lat1,lon1,lat2,lon2) {
  var R = 6371; // Radius of the earth in km
  var dLat = deg2rad(lat2-lat1); // deg2rad below
  var dLon = deg2rad(lon2-lon1);
  var a =
    Math.sin(dLat/2) * Math.sin(dLat/2) +
    Math.cos(deg2rad(lat1)) * Math.cos(deg2rad(lat2)) *
    Math.sin(dLon/2) * Math.sin(dLon/2)
    ;
  var c = 2 * Math.atan2(Math.sqrt(a), Math.sqrt(1-a));
  var d = R * c * 0.621371; // Distance in miles
  return d;
}

function deg2rad(deg) {
  return deg * (Math.PI/180);
}
```

对于这个公式工作原理的说明显然已经超出了本书的范围,大家只需要能够理解这个公式的输入(经度和纬度)以及它的输出(两个点之间的、以英里为单位的距离值)即可。

» "将 5 ～ 10 分钟的路程转化成一个距离单位,它被称为距离阈值。"在纽约人们通常步行而不是驾车,因此 5 ～ 10 分钟的路程通常能够移动的距离只有 800m(0.5 英里)左右,这就是我的距离阈值。

» "如果客户距离小于阈值距离就向用户推送邀请。"JavaScript 的 if-else 语法以及 alert() 的使用方法如下:

```
If (distance < 0.5) {
    alert("You get a free burger");
}
else {
    alert("Thanks for checking in!");
}
```

JavaScript 的 if-else 语法可以参考 W3Schools 网站的相关内容。

第12章
编写和调试我们的第一个Web应用

能说算不上什么，有本事把你的代码给我看看。

——林纳斯·托瓦兹（Linus Torvalds）

也 许大家还没有感觉到，我们已经在创建自己的第一个 App 之路上走了很远。我们花了很大的精力通过认真的分析和思考将 App 分解成了几个更为细致的步骤，然后通过对每一个步骤进行深入的调查研究确定了其功能与外观设计。就像 Linux 操作系统的创始人 Linus Torvalds 所说的那样"能说算不上什么"。那么就让我们真正地着手来编写代码，将这个到现在为止还停留在纸面上的应用搬到浏览器上吧。

12.1 为开始进行编码工作做好准备

在开始编写代码之前需要先整理一下开发环境。首先要保证已经完成了以下几项工作。

>> 使用 Chrome 浏览器。下载和安装最新版本的 Chrome 浏览器。关于

为什么使用浏览器，我在前文中已经解释过了，因为它能够对最新版本的 HTML 标准提供最好的支持，同时可以在 Google 网站上很容易地下载到。

» 使用台式计算机或者便携式计算机来工作。虽然也可以使用移动设备来完成编码工作，但是显然使用移动设备会遇到很多麻烦，并且使用移动设备所看到的页面布局也有可能不正确。

» 要注意编写代码的格式，注意换行、分隔等，这样程序才具有更好的可读性。在实际开发过程中，一类特别容易犯的错误是忘记插入结束标签或者是右侧大括号。通过适当的换行、分隔等手段，可以帮助大家更加容易地找到并避免这样不必要的语法错误。

» 要注意先在浏览器或者计算机上打开位置服务。如果大家使用的是 Chrome 浏览器，那么请单击设定图标（浏览器右上角的一个带有 3 条横线的图标），然后单击"设置"，这样浏览器就会跳到设置页面。在设置页面的底部单击"高级"，然后找到"隐私设置和安全性"选项并单击进入。在"隐私设置和安全性"页面上单击"内容设置"。在"内容设置"窗口中找到"位置"选项，单击进入后查看"使用前先询问（推荐）"这一项目的开关是否已经打开，如果没打开的话，请把它打开。关于设定该项目的更详细说明，大家可以参考 Google 网站上的相关内容。

以上就是打开 Windows 系统上位置服务的所有步骤。但如果是使用苹果的 Mac 计算机，并且安装的是 OS X 的 Mountain Lion 版或者更高版本的操作系统，情况可能有点不同。首先需要从"Apple Menu"中选择"System Preferences"，然后单击"Security&Privacy"图标，最后单击"Privacy"标签。单击画面左下角的锁形图标并选择"Location Services"，最后将其开关打开。可以参考苹果官方网站上的相关内容。

最后，需要配置开发环境。CodePen 网站是一个功能强大的工具，它能够在线模拟本地开发环境，用起来就像常见的集成开发环境一样。并且它提供了许多的帮助信息，这样大家就不再需要四处查找相关的知识了。所以 CodePen 为大家提供了一套免费的独立开发环境，使用它还可以非常方便地共享代码。可以访问 CodePen 网站来查看我为大家准备的唐老鸭餐厅 App 的程序模板。

12.2　为第一个Web应用编写代码

在浏览器上打开 CodePen 网站，现在来具体地看一看它为我们准备的开发环境、我为唐老鸭餐厅 App 编写的代码以及用于指导我们展开编程工作的详细步骤。

12.2.1　开发环境

CodePen 网站准备的开发环境如图 12-1 所示。它有 3 个编程窗口，分别是 HTML、CSS 和 JavaScript。并且还有一个程序运行效果预览窗口能够实时地看到程序运行的结果。通过使用画面底部的按钮，可以将暂时不用的编程窗口隐藏起来。这样整个页面的布局就会相应地改变，更加方便程序的编写。

图12-1
CodePen网站
所提供的开发
环境

在 CodePen 网站上注册是可选的，不过注册后的用户可以享受程序复制、保存以及共享服务。

12.2.2　我为唐老鸭餐厅App编写的代码模板

在 CodePen 网站上可以看到我为唐老鸭餐厅 App 所编写的 HTML、CSS 和 JavaScript 代码。这些代码既有前面章节介绍过的，也有一些没介绍过的。以下是一些简单的说明。

» HTML：用于实现唐老鸭餐厅 App 的 HTML 代码如下，它包含以下内容。

- 框架：大体上分为两个部分，一组由 `<head>` 起始标签和结束标签构成的标题部分以及一组由 `<body>` 起始标签和结束标签构成的页面主体部分。

- 在 `<body>` 标签中嵌套定义了用于创建子标题的 `<h1>` 标签以及几个用于存放内容的 `<div>` 标签。

- `<div>` 标签用于显示在 JavaScript 程序中生成的消息。`<div>` 标签是一种可以存放各种内容的容器。第一个 `<div>` 标签用来显示用户当前位置的经纬度，第二个 `<div>` 标签向用户显示其他的内容。

- 用于指导在 HTML 中添加按钮以及添加 `onclick` 属性的说明文档。这些在第 11 章中已经介绍过了。

程序如下所示。

```
<!DOCTYPE html>
<html>
<head>
  <title>McDuck's App</title>
</head>
<body>
  <h1> McDuck's Local Offers</h1>
<!--1. Create a HTML button that when clicked calls the JavaScript
getLocation() function -->

<!--Two containers, called divs, used to show messages to user -->

  <div id="geodisplay"/>
  <div id="effect"/>

</body>
</html>
```

» CSS：用于创建唐老鸭餐厅 App 的 CSS 程序如下，它包括以下内容。

- 用于 body、h1 和 p 标签的选择器。

- 用于设定文本对齐、背景色、字体家族、字体颜色、字体大小的属性和值。

当 App 运行时，这些 CSS 程序就会通过为程序页面添加主题颜色以及设置背景图片等方式来调整页面的风格。

CSS 程序如下所示。

```css
body {
    text-align: center;
    background: white;
}

h1, h2, h3, p {
    font-family: Sans-Serif;
    color: black;
}

p {
    font-size: 1em;
}
```

» JavaScript：用于实现唐老鸭餐厅 App 的 JavaScript 代码。这部分代码稍稍有点复杂，因为它使用了 HTML 的地理定位 API 来计算用户的当前位置。在这一节中我会相对宏观地解释一下这些代码，这样大家就能明白这些代码的工作原理以及这些代码的来源。

这里所使用的地理定位 API 是花费了很大的代价开发出来的，内部实现机制非常复杂，不过开发者可以免费地使用它。最新版本的浏览器通常都支持地理定位，不过一些老版本的浏览器就不支持了。总体来讲，这段程序首先检查当前浏览器是否支持地理定位 API，如果支持的话就向用户返回当前的位置。当调用它的时候，地理定位 API 会根据许多的数据来分析出用户当前所处的位置。这些数据包括 GPS 数据、无线网络信号强度、手机信号塔的位置和信号强度以及 IP 地址等。提前了解这些背景知识后，现在来看一看这段 JavaScript 程序。这段 JavaScript 程序包括以下两个函数。

● getLocation() 函数：这个函数首先检查浏览器是否支持地理定位功能。它使用 if 语句和 navigatior.geolocation 来实现对地理定位功能支持与否的检查。navigatior.geolocation 通常会被浏览器认为是地理定位 API 的一部分。当程序调用它的时候，如果当前浏览器支持地理定位就会返回 true。

getLocation() 函数如下所示。

```javascript
function getLocation() {
    if (navigator.geolocation){
```

```
        navigator.geolocation.getCurrentPosition(showLocation);
    }
}
```

- showLocation() 函数：如果浏览器支持地理定位功能，那么程序的下一步操作就是调用 showLocation() 函数了，这个函数用于计算和显示用户的当前位置。

showLocation() 函数如下所示。

```
function showLocation(position){
// 2. Hardcode your store location on line 12 and 13, and update
    the comment to reflect your McDuck's restaurant address
// Nik's apt @ Perry & W 4th St (change to your restaurant location)

var mcduckslat=40.735383;
var mcduckslon=-74.002994;

// current location
var currentpositionlat=position.coords.latitude;
var currentpositionlon=position.coords.longitude;

// calculate the distance between current location and McDuck's
location
var distance=getDistanceFromLatLonInMiles(mcduckslat, mcduckslon,
currentpositionlat, currentpositionlon);

// Displays the location using .innerHTML property and the lat &
    long coordinates for your current location
document.getElementById("geodisplay").innerHTML="Latitude:
    " + currentpositionlat + "<br>Longitude: " +
    currentpositionlon;
}

// haversine distance formula
The rest omitted for brevity because it's shown in a previous
chapter
```

showLocation() 函数完成了以下操作。

- 将餐厅的经度和纬度分别赋值给 mcduckslat 和 mcduckslon 这两个变量（程序的第 12、13 行）。

- 将用户的当前经度和纬度赋值给 currentpositionlat 和 currentpositionlon 这两个变量（程序的第 16、17 行）。

- 将英里作为单位计算这两个地点之间的距离。然后将这个距离赋值给一个名为 distance 的变量（程序的第 20 行）。半正矢（英文名称 Haversine）公式计算了球面上两个点之间的距离。当然在这个示例中这个所谓的球面就应该是地球表面。半正矢公式的具体实现代码在网上可以找得到，简单起见本书就省略了。

- 当用户按下按钮后，getElementById 和 innerHTML 这两个方法会将用户的经纬度信息在页面上显示出来。具体的做法是通过 id——geodisplay 来查找 HTML 页面上的相应标签（getElementById），然后通过设定标签内容（innerHTML=XXX）来将经纬度信息显示到页面上。

JavaScript 程序会区分大小写，因此 getLocation() 与 getlocation() 是截然不同的两个方法。因为在第一个方法中字母 "L" 是大写的，而在第二个方法中这个字母是小写的。同理，showLocation() 与 showlocation() 也是完全不同的两个方法。所以大家在编程序的时候务必注意大小写的问题。

12.2.3　编码过程中需要遵循的几个步骤

有了这些已经部分实现的代码以及第 11 章中做过的深入调查做基础，现在我们可以遵循以下步骤来编写自己的代码了。

（1）在编写的程序框架中第 8 行附近，为按钮添加响应函数。具体方法是插入一组 <button> 标签，然后通过为 onclick 属性赋值，来间接地调用 getLocation() 函数。具体如下所示。

```
<button onclick="getLocation()">McDuck's Check-in</button>
```

插入这行代码以后，可以按下这个按钮来测试一下。如果浏览器上的位置功能已经打开并且插入的代码没有逻辑和语法错误，那么浏览器将会弹出一个对话框，要求确认是否允许程序取得计算机的当前位置。对话框将会出现在浏览器窗口的顶部，这时请大家选择允许，如图 12-2 所示。

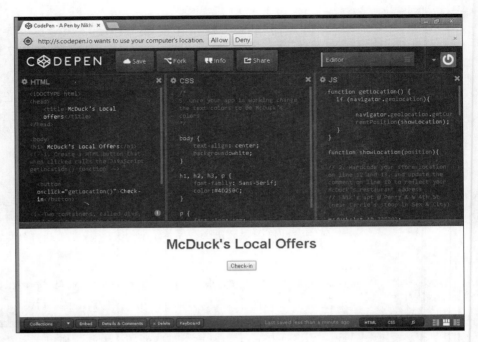

图12-2
浏览器会在共
享位置之前要
求确认权限

（2）修改上面 JavaScript 程序的第 12 ～ 13 行。使用自己查找的某家餐厅的经纬度替换程序中的相应数值，然后把这个位置作为 App 中唐老鸭餐厅的位置来使用。

注意，在修改完经纬度数值后，不要忘了把第 10 行中的注释也做一下相应的修改。现在的注释里写的是我家的地址，大家要把它更新一下，变成自己选择的餐厅的地址。

（3）使用 alert 方法来显示用户当前位置与餐厅之间的距离。

distance 变量保存了用户当前位置到餐厅的距离，以英里为单位。为了测试程序的正确性，首先我们粗略地估计一下自己的当前位置距离所选择餐厅的距离或者使用地图服务来做一下精确的测算也可以。然后使用 alert 方法显示出程序计算的距离。具体做法为在第 23 行后插入以下代码：

```
alert(distance);
```

如果警告框显示出的距离与我们预计的不同，那么很有可能输入了错误的经纬度信息。如果显示出的距离与预计的差不多，那么就用"//"将调用 alert 方法的代码注释掉。

（4）使用 if-else 分支语句在第 26 行附近判断用户与餐厅的距离是否处于阈值距离之内，如果是则弹出一个警告框进行显示。

本书为大家准备的程序是以 0.5 英里作为阈值距离的。大家可以不必如此，可以自行决定阈值距离以及在警告框中显示的内容。程序如下所示，实际运行效果如图 12-3 所示。

```
if (distance < 0.5) {
    alert("You get a free burger!");
}
else {
    alert("Thanks for checking in!");
}
```

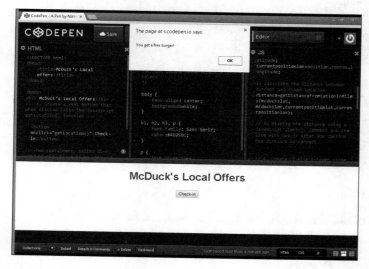

图12-3
唐老鸭餐厅
App向用户显
示了一条免
费汉堡试吃
的邀请

TIP

当程序能够正常工作后，我们可以从显示一行内容为 "You get a free burger" 的文字（alert("You get a free burger!");）改进为显示一幅内容为汉堡打折券的图片。实现方法为将程序中调用 alert("You get a free burger!") 的地方替换成如下代码。

```
document.getElementById("effect").innerHTML="<img src='http://www.ima***om/image.jpg'>";
```

也可以通过替换上述代码中 src 属性后的 URL 来更换图片。可以上网找到一幅自己喜欢的图片，然后找到这幅图片的 URL 并将其替换到这里。注意上面程序中第一个等号后的双引号和分号前的双引号都是必需的，不可以省略。还有在第二个等号后、右侧尖括号前的单引号也同样不可以省略。

（5）如果程序能够正常工作，那么可以进一步修改文字的颜色并插入一幅背景图片，这样可以让 App 看起来更加专业（当然这件事情不是必须要做的）。

使用十六进制码或者颜色名来修改文字和背景颜色的具体方法在第 6 章中已经讨论过。此外，也可以插入一幅背景图片。插入图片这件事情我想有些读者可能在 Codecademy 网站做练习的时候已经做过。还不清楚如何实现的读者可以参考如下程序片段，其运行效果如图 12-4 所示。

```
background-image: url("http://www.imag***m/image.jpg");
```

图12-4
完整的唐老鸭
餐厅App，页
面风格已经
过调整，向
用户展示了
一幅图片

12.3 调试App

编写程序时不可避免地会写出一些实际运行效果与预期不符的代码。HTML 和 CSS 的程序编写规则比较宽松，即使不断地插入标签，浏览器也会正确地将它们显示出来。然而，JavaScript 的程序检查就比较严格了，即便是类似于遗漏了一个引号这样的小问题也会导致整个页面出现错误。

在开发 Web 应用时经常遇到的错误包括语法错误、逻辑错误以及显示错误。这几种错误中最常出现的当属语法错误。大家在调试自己程序的时候需要多加注意以下几种常见错误。

» 起始和结束标签。在 HTML 中，通常起始标签要与结束标签配对使用。标签配对的顺序也很重要，最外层的标签最后关闭，最内层的标签最先关闭。

» 左右括号的匹配。在 HTML 中，所有的左侧尖括号"<"都需要有一个相应的右侧尖括号">"。

» 左右大括号的匹配。在 CSS 和 JavaScript 中，所有左侧大括号必须要与右侧大括号匹配使用。大家经常会犯的错误是误删或者漏写。

» 适当地分隔。要灵活使用制表键（Tab 键）、回车键等为程序添加适当的分隔。这样程序才有更良好的可读性。良好的程序分隔会帮助我们更容易地找到常见的错误。例如：标签不配对，尖括号、大括号不配对等。

» 语句拼写错误。在任何一种语言中拼写错误都很常见。还有一种情况是虽然拼写正确，但也只是单词拼写正确，可是这个单词既不是这种语言的关键字也不是变量的名称，而是大家臆想出来的。例如在 HTML 中，"<img scr="image.jpg">"是不正确的写法，因为"scr"显然是拼写错了，应该使用"src"来在页面中插入一幅图片。类似地，在 CSS 中，如果使用"font-color"属性的话也是不正确的，因为虽然它看似拼写正确，但是 CSS 中并没有这个属性。用于设置字体颜色的属性应该是"color"。

在调试程序的过程中，要时刻记住这些常见的错误：虽然这不能保证解决所有的问题，但是一定会帮助大家解决掉相当一部分遇到的问题。如果大家按照上面的提示彻底地检查过自己编写的程序，但是仍然没有解决问题，可以在 Twitter 上通过 @Nikhilgabraham 向我留言，详细说明遇到的问题以及大家使用 CodePen 网站编写程序的 URL，并在最后加上 #codingFD。我会及时查看大家遇到的问题，尽可能快地为大家解答。

第 4 部分
进一步提高编程技术

在这一部分，你将：

了解使用 Ruby 能够完成的基本任务；

使用 Ruby 编写一个简单的文本格式化程序；

了解 Python 的编程哲学以及基本语法；

使用 Python 编写一个用于统计便贴数量的程序。

第13章

初识Ruby语言

我希望 Ruby 能帮助每一个程序员提高生产力，享受编程，并且快乐。这就是 Ruby 语言的主要目的。

——Ruby 创始人松本行弘（Yukihiro Matsumoto）

Ruby 是一种服务器端的编程语言。它是由一位名叫 Yukihiro Matsumoto 的日本专家创立的。其名字的缩写 "Matz" 与他的作品 Ruby 一道被业界所熟知。作为一名程序员他曾经苦苦寻找一种简单易用的脚本语言，他使用过各种各样的编程语言，比如 Perl、Python 等，不过这些都不能让他满意，于是他最终创立了 Ruby。在设计 Ruby 语言的时候，Matsumoto 先生的明确目标是 "快乐编程"，于是他决心创造一种让开发者可以很容易学会并使用的编程语言，显然他做到了这一点。如今使用 Ruby 编写的著名框架 Rails 已经成为世界上最为流行的快速构建网站原形的工具之一，被许多初创公司以及大型公司采用。许多网站也因为 Ruby 的强大功能得以迅速上线。

在这一章中，我将为大家介绍一些 Ruby 的基础知识，包括 Ruby 的设计哲学、如何使用 Ruby 语言实现简单的任务以及创建一个简单 Ruby 程序的基本步骤。

13.1　Ruby的作用

概括地说，Ruby 是一种通用的编程语言，业界常常用它来开发网站。到现在为止，前面章节中介绍的 HTML、CSS 以及 JavaScript 都不能保存数据。例如，从所开发的页面跳转到其他网站或者是当用户关闭浏览器时，所有的数据基本上会丢失。使用 Ruby 可以很轻松地使用数据库保存现有数据，以及更新、获取已经保存的数据。例如，我打算开发一款和 Twitter 类似的社交网站。我在该网站上的留言会保存在一个中央数据库中。因此无论是关闭浏览器还是关闭计算机，当我再次访问这个网站时都能够看到上次我的留言。此外，如果有人搜索我的名字或者搜索我留言中的某个关键词，那么系统就会为这名用户在中央数据库中执行查询并显示出所有查询到的结果。Ruby 开发者经常做的工作就是在数据库中保存信息等。后来 Ruby 编程框架 Rails 就出现了，它通过使用一组功能完善的程序库、模板等手段帮助开发者更加容易地完成了这样的任务。因此，业界通常使用 Ruby 和 Rails 共同完成网站的开发工作。

业界通常将使用 Rails 框架开发的网站称为"Rails 制造"或者"Ruby on Rails"。

Twitter 网站就是使用"Ruby on Rails"构建的一个目前世界上最为常用的网站之一。直到 2010 年，Twitter 公司仍然在使用 Ruby 开发他们的搜索功能和即时消息产品。其他使用 Ruby 开发的网站包括：

» 电子商务类网站如 Shopify 平台，该平台销售 Chivery 和 Black Milk 品牌的服装；

» 音乐网站如 SoundCloud；

» 社交网站如 Yammer；

» 新闻网站如 Bloomberg。

如上所述，使用 Ruby 和 Rails 可以构建各种各样的网站。虽然 Rails 框架更强调开发效率，使得开发者可以快速地实现功能和测试原型，但是仍然有一些开发者批评 Ruby 和 Rails 不容易定制。他们举例说，Twitter 专门编写了一些代码来禁用 Rails 中的一些核心功能。不过我并不打算在这里解决业界所谓的"开发效率与可扩展性"之间的矛盾，我只想说使用 Rails 开发的网站可以轻松地应付数百万用户的并发访问，而无论使用何种语言想要做到轻松面对数百万的访问量，都需要花费大量的时间去调整和改善一个网站的结构，所以 Rails 仍然在网站开发领域有着得天独厚的优势。

如果想知道上面这些网站以及其他一些知名网站都是使用何种编程语言开发的，可以浏览 Builtwith 网站来寻找答案。具体做法是在搜索条中输入网站的网址并单击搜索，在搜索结果的"Frameworks"一栏中可以看到这个网站使用的主要编程框架。

13.2　定义Ruby程序的结构

Ruby 有独特的编程原则，正是基于这些原则，Ruby 程序形成了自身特有的程序结构。到现在为止，我们学到的所有编程语言都有自己独特的语法规则，例如在 JavaScript 语法中大括号必须配对使用，在 HTML 语法中起始标签和结束标签要配对使用等。显然 Ruby 语言也不例外，它也有一些特定的语法要求。Ruby 的设计原则解释了 Ruby 是如何有别于在它之前出现的各种编程语言的。请大家提前对 Ruby 的设计原则有一个初步的印象，这样就能知道 Ruby 程序是个什么样子，Ruby 的编程风格是什么以及 Ruby 都有哪些关键词和语法，你可以使用这些特定的语法和关键词来告诉计算机需要做什么样的操作。与 HTML 和 CSS 不同，Ruby 使用了自己特有的语法，任何拼写错误、遗漏都会导致整个程序运行失败。这一点与 JavaScript 比较类似。

13.2.1　理解Ruby的编程原则

Ruby 有几个贯穿始末的编程原则需要广大开发者在学习之初就有一个基本的了解。正是这些编程原则使得运用 Ruby 编写程序少了一份紧张，多了一份快乐。这些编程原则具体如下。

» 简洁。要用简洁、干练的方式来创建一个程序。通常称使用自然语言（如英语）编写的"程序"（显然这里的程序指的是希望完成的某个操作）为伪代码。Ruby 程序与所谓的"伪代码"类似，可以对"伪代码"做少量的修改使其变成一段真正的 Ruby 代码。此外，Ruby 内置的命令也都非常简洁，例如 Ruby 的 if 语句可以使用 3 行甚至 1 行就能完成。

» 一致性。整个 Ruby 语言实际上只由一组少量的编程规则控制。有时候人们也称这个所谓的"一致性"原则为"最小惊奇原则"。通常来讲，如果大家对其他编程语言有所了解，那么 Ruby 的编程方式会更加直观。例如在 JavaScript 语言中当处理字符串时，可以将几个操作连成一行：

```
"alphabet".toUpperCase().concat("Soup")
```

这段 JavaScript 程序首先使用 .toUpperCase() 方法将字符串"alphabet"转换成大写，然后将其与"Soup"连接在一起，最终将返回"ALPHABETSoup"。类似地，正如大家预料的那样，Ruby 语言也可以将这些操作连接起来，同样最终返回"ALPHABETSoup"。

```
"alphabet".upcase.concat("Soup")
```

» 灵活性。通常可以使用多种方法实现同一个目标，即使是内置的命令也可以改变。例如在编写 if-else 语句时，可以使用关键字"if"和"else"，也可以使用"? "来达到同一目的。接下来的两段代码完成了相同的工作。

版本 1：

```
if 3>4
    puts "the condition is true"
else
    puts "the condition is false"
end
```

版本 2：

```
puts 3>4 ? "the condition is false" : "the condition is true"
```

13.2.2　程序风格及缩进

Ruby 与其他编程语言一个比较大的不同点就是它使用的标点符号比较少。以下是一些示例。

```
print "What's your first name?"
first_name = gets.chomp
first_name.upcase!

if first_name=="NIK"
    print "You may enter!"
else
    print "Nothing to see here."
end
```

这段程序实际上完成了以下操作。

» 在终端上打印："What's your first name?"。

» 读取用户输入（gets.chomp）并把它保存在 first_name 变量中。

» 测试用户的输入内容。如果输入内容是"NIK"则向终端打印"You may enter！"，否则打印"Nothing to see here."。

在后续的内容中将会对这些语句做详细的解释。现在大家只需要大概地看一看这些代码即可，重点留意一下 Ruby 代码的编码风格。

» 更少地使用标点符号。在 Ruby 程序中不使用大括号、尖括号，这一点与 JavaScript 和 HTML 不同。

» 忽略使用空格、Tab 键等预留的缩进。一般而言，在 Ruby 语言中，空格符没有实际的意义。不过如果用在一个字符串的定义中则具有实际的意义。

» 换行意味着一个语句的结束。虽然也允许使用分号来将多行 Ruby 程序写在一行中，不过更加常见的做法是每一个语句占据独立的一行，这样做也是从 Ruby 语言的角度推荐的。

» 使用"."分隔符连接不同的语句是一种常见的用法。"."号的出现意味着将使用某个对象的方法（如 .chomp 或者 .upcase 等），这在 Ruby 编程中是非常普遍的做法。所谓方法就是用于完成某个特定功能的一组指令或命令。在这段示例程序中，.chomp 的功能是将用户输入字符串中的换行符删除，.upcase 方法将用户输入的字符串中的所有字母转换成大写形式。

» 叹号意味着危险操作。一些用于操作变量的方法默认的做法是不修改变量内容本身，而是将变量的内容复制后再行操作。就像这段程序中的"first_name.upcase"操作一样。而叹号意味着将强制对变量的值做永久性的修改。因此"first_name.upcase!"将会永久地改变 first_name 变量的值。

13.3　使用Ruby实现简单的任务

使用 Ruby 可以完成各种各样的任务，比如简单的字符串操作，复杂一点的如用户登录、用户名密码认证等。下面的编程任务对于每一种编程语言而言都是核心的编程概念，本节将使用 Ruby 来对它们进行解释。如果你已经学习了本章提到的其他编程语言，那么就会对下面这些内容感到很熟悉。这些任务都可以在 Ruby shell 中出现。Ruby shell 是一种类似命令行的编程界面。你也可以使用 Ruby 来动态地生成带有交互功能的 HTML 页面，但是这个任务稍微有点复杂，在这里就不讨论了。

接下来将介绍如何实现这些基本的任务。可以跳过这里直接阅读 13.5 节来立即着手练习这些很实用的编程技术。

通常来讲，每一门编程语言能够完成的任务都很相似甚至完全相同。因此通过一门编程语言来学习和掌握这些常见的编程任务非常有助于更好地理解并学习其他的编程语言。

13.3.1　定义数据类型和变量

就像算数中的字母，变量是用来保存数据的一些关键词。保存了数据的变量可以在程序运行中使用。虽然保存在变量中的数据有可能会变化，但是变量的名称却不会改变。可以把变量比作健身房的衣帽箱：虽然存放在衣帽箱中的东西有可能不同，但是衣帽箱的号码却不会发生改变。

Ruby 语言对变量的命名有明确的要求。变量的名称可以由字母、数字或下画线 "_" 组成，不能以数字或大写字母开头。表 13-1 列出了 Ruby 变量可以保存的一些数据类型。

表13-1　Ruby变量中保存的数据类型

数据类型	描述	示例
数字	正数、负数、小数	156–101.96
字符串	可显示字符	Holly NovakSeñor
布尔值	true 或 false	true、false

要想初始化或修改变量的值，可以先定义一个变量名，然后用 "=" 对其进行赋值。具体做法如下：

```
myName = "Nik"
pizzaCost = 10
totalCost = pizzaCost * 2
```

与 JavaScript 不同，Ruby 不需要使用 var 关键字去定义一个变量或者为某个变量做初始化赋值。

注意，变量名是大小写敏感的。因此当在程序中引用一个变量时，MyName 与 myname 是不同的。不要随意地去为变量命名，最好变量名自身就能够大致说明变量值的用途。

13.3.2 使用Ruby执行基本和高级的数学计算

当定义了变量后，接下来可能就需要使用保存在这些变量中的数值完成一些数学计算了。一些简单的计算诸如加、减、乘、除等可以通过语言内置的运算符来完成。这些运算符通常都是通用的，大家在其他语言的学习中早已经有所了解。一个略有不同的地方是指数运算（例如 2 的 3 次方），Ruby 使用双星号来实现。请看以下示例（其他几种常见的数学计算方法请参考表 13-2）。

```
sum1 = 1+1 (equals 2)
sum1 = 5-1 (equals 4)
sum1 = 3*4 (equals 12)
sum1 = 9/3 (equals 3)
sum1 = 2**3 (equals 8)
```

表13-2 常用的数学方法

方法名	描述	实例	结果
.abs	返回一个数的绝对值	-99.abs	99
.round(ndigits)	将一个数字截取 ndigits 位	3.1415.round(2)	3.14
.floor	将一个数字的小数位截掉	4.7.floor	4
.ceil	将一个带有小数位的数字向上取整	7.3.ceil	8

一些诸如绝对值、舍入等高级的数学运算可以使用数值方法来实现，使用这些方法可以很容易地完成一些高级的数学计算。具体的做法是在变量或值的后面使用 "." 号，在 "." 后面使用相应的方法名：

```
value.method
variable.method
```

TECHNICAL
STUFF

这里的变量或值被称为对象。如果将 Ruby 语言和英语做一下类比，那么可以把对象类比成名词，方法类比成动词。

13.3.3 使用字符串及一些特殊字符

Ruby 的变量不仅可以保存数字，也可以保存字符串。使用双引号或单引号来定义一个字符串。

```
firstname = "Jack"
lastname = 'Dorsey'
```

可以使用 puts 或 print 来将字符串显示在屏幕上。这二者的区别在于 puts 在显示完当前行后会附加一个换行符，而 print 不会附加换行符。

变量也可以将一个数字以字符串的形式保存起来，只是它的类型将会是字符串而不是数字。虽然这个字符串看起来像个数字，但是这个所谓的"数字"与真正的数字类型不同，它不可以执行所有数字专用的操作。例如 Ruby 程序不可以这样写：amountdue = "18" + 24。

如果这样写程序，将会引起一个错误，这也很正常，一个数字和一个字符串相加显然没有什么实际的意义。再考虑另一种情形：如果在定义字符串的时候漏写了一个单引号或双引号会怎么样？例如我想声明一个内容为 'I'm on my way home' 或者 "Carrie said she was leaving for"just a minute"" 的字符串。就像刚才讲的，这两种写法都会因为单引号或双引号不配对而导致程序出错。针对这种情况可以通过转义序列来解决。当打算使用一些具有特殊含义的字符（如双引号，它的最初含义是作为字符串定义的开始或结束字符。还有其他一些不可打印的字符如 Tab 键等）时，可以通过转义序列来代替。表 13-3 展示了一些使用转义序列的例子。

表13-3　　　常用的Ruby转义符

特殊字符	描述	例子	结果
\' 或 \"	引号	print "You had me at \"Hello\""	You had me at "Hello"
\t	Tab 键	print "Item\tUnits \tPrice"	Item Units Price
\n	换行	print "Anheuser?\nBusch?\n Bueller? Bueller?"	Anheuser? Busch? Bueller? Bueller?

只有在使用双引号定义的字符串中转义序列才有效。如果大家对转义序列感兴趣，可以在 Wikibooks 网站上找到 Ruby 转义序列相关的完整说明。

13.3.4　使用if、elsif、else进行条件判断

当把数据保存在变量中后，接下来可以做的就是将这个变量的值与一个固定值或者其他变量的值作比较，然后根据比较结果做决策。如果大家已经阅读了第9 章，就可以回忆起很多关于这方面的讨论。虽然语言的种类不同，但是概念

完全相同。if-elsif-else 语句的基本语法如下：

```
if conditional1
    statement1 to execute if conditional1 is true
elsif conditional2
    statement2 to execute if conditional2 is true
else
    statement3 to run if all previous conditionals are false
end
```

注意，在 elsif 语句中只有一个"e"字母。

if 后面是一个条件表达式，这个条件表达式将返回 true 或 false。如果条件表达式返回 true，那么后面嵌套的语句将会得到执行。这就是针对 if 语句的最低语法要求。elsif 和 else 是可选的。如果出现了 elsif 或 else，那么只有在第一个条件表达式返回 false 的时候才会执行 elsif 中的条件表达式。可以使用多个 elsif 语句来引入多个条件判断。对许多个条件分别进行测试很多时候并没有实际的意义，而且会使程序变得很冗余。因此可以采用一种"一勺烩"的方式，也就是说必要的时候可以使用 else 来完成这一任务。当所有条件都不成立的时候执行 else 中嵌套的语句。

不可以在缺少 if 语句的情况下单独使用 elsif 或 else 语句。可以使用多个 elsif 语句，但是只能使用一个 else 语句。

if 语句中的条件表达式，比较操作符用于执行不同值之间的比较操作，常用的比较操作符如表 13-4 所示。

表13-4　　　　Ruby编程中常用的比较操作符

类型	操作符	描述	示例
小于	<	判断一个值是否小于另一个值	x<55
大于	>	判断一个值是否大于另一个值	x>55
等于	==	判断两个值是否相等	x==55
小于等于	<=	判断一个值是否小于或等于另一个值	x<=55
大于等于	>=	判断一个值是否大于或等于另一个值	x>=55
不等	!=	判断两个值是否不相等	x!=55

以下代码是一个使用 if 语句的例子。

```
carSpeed=40
if carSpeed > 55
    print "You are over the speed limit!"
```

```
elsif carSpeed == 55
    print "You are at the speed limit!"
else
    print "You are under the speed limit!"
end
```

如图 13-1 所示，该程序有两个条件表达式，每个条件表达式用菱形表示。它们按照顺序执行比较操作。在这个例子中，carSpeed 等于 40，因此第一个条件测试（carSpeed>55）将返回 false，而第二个条件测试（carSpeed==55）也将返回 false。因为这两个条件测试都返回 false，所以将执行 else 中的语句，最终在屏幕上打印："You are under the speed limit!"。

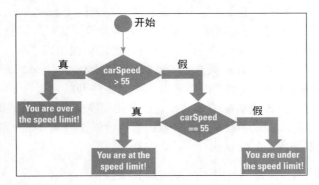

图13-1
一个包含
elsif分句的
if-else语句

13.3.5 输入和输出

就像大家在这一章中看到的一样，Ruby 允许大家编写代码读取用户输入并将输出显示在屏幕上供用户查看。可以使用 gets 来收集用户的输入，这个函数将用户的输入以字符串的形式保存在一个变量中。在下面的例子中，用户所输入的内容（他的姓）将保存在一个名为 full_name 的变量中。

```
print "What's your full name?"
full_name = gets
```

TECHNICAL
STUFF

也许使用"gets"这个关键字来收集用户的输入听起来有点奇怪。不过这是有一定历史原因的。Ruby 的语法受到了 C 语言的很大影响，在 C 语言中同样使用 gets 函数来收集用户输入。

假设用户输入了他的名字"Satya Nadella"，就像上面程序那样，用户的这段输入将保存在一个名为 full_name 的变量中。如果将这个变量打印到屏幕上，将会看到：

```
Satya Nadella\n
```

名字的后面出现了转义序列"\n"，这是因为在要求用户输入时，用户在输入完成后按下了回车键，因此 Ruby 将其保存为" \n"。可以使用 chomp 方法来删掉这个字符串中的"\n"字符，chomp 方法会将字符串中的"\n"和"\r"全部删掉。

```
print "What's your full name?"
full_name = gets.chomp
```

现在再次运行上面这段代码后，如果将 full_name 变量打印在屏幕上，你就会看到"Satya Nadella"。

可以使用 print 或 puts 来将输出显示在屏幕上。puts 是 "put string" 的缩写。这二者的区别在于 puts 在输入结束后会添加一个换行符，而 print 则不会。以下程序展示了 print 和 puts 运行时的区别。

使用 print：

```
print "The mission has "
print "great tacos"
```

结果：

```
The mission has great tacos
```

使用 puts：

```
puts "The mission has "
puts "great tacos"
```

结果：

```
The mission has
great tacos
```

13.4　字符串整形

对于程序员而言，操作字符是平时最常见的工作内容之一。具体包括以下内容。

» 将字符串标准化：使用统一的大写或小写形式。

» 将用户输入中的空格删除。

» 在用于显示的字符串模板中插入变量的值。

Ruby 处理字符串方面的功能十分强大，它通过许多功能丰富的字符串方法使得对字符串所执行的各种操作都变得非常简单，Ruby 也因此在这一点上超过了许多其他语言。

13.4.1 字符串方法：upcase、downcase和strip

为一个字符串执行大小写标准化以及删除一个字符串中多余的空格，这两种字符串操作常常用于执行特定的数据检索。例如，我正在为纽约摩托车辆管理所开发一个网站，其中有一个页面是用来首次申请驾照或者驾照年检的。驾照申请或年检申请表都要求输入家庭住址。地址输入栏中包含一个由 2 个字母组成的州名缩写。通过查看那些已经提交的纸质表格以及以前的电子数据发现广大驾驶员朋友们的写法真是五花八门："NY""ny""Ny""nY"，还有一些类似的写法就不一一列举了。如果"NY"是标准格式，那就可以使用 upcase 和 strip 方法来将用户输入的内容进行整形，使它们保持一致。表 13-5 进一步对这些字符串方法做出了说明。

表13-5　　常见的Ruby字符串方法

方法名	描述	示例	结果
upcase	将字符串全体转换为大写	"nY".upcase	"NY"
downcase	将字符串全体转换为小写	"Hi".downcase	"hi"
capitalize	将首字母大写，其余字母全部小写	"wake UP".capitalize	"Wake up"
strip	删除开头和结尾的空格	" Ny ".strip	"Ny"

13.4.2 在字符串中插入一个变量

为了在一个用于显示的字符串中插入变量的值，可以使用井号序列"#{...}"。大括号中的内容将会被替换然后插入字符串中。就像转义序列一样，这里讲的井号序列只对使用双引号定义的字符串有效。井号序列的具体用法如下所示。

```
yearofbirth = 1990
pplinroom = 20
puts "Your year of birth is #{yearofbirth}. Is this correct?"
puts 'Your year of birth is #{yearofbirth}. Is this correct?'
puts "There are #{pplinroom / 2} women in the room with the same birth year."
```

运行结果：

```
Your year of birth is 1990. Is this correct?
Your year of birth is #{yearofbirth}. Is this correct?
There are 10 women in the room with the same birth year.
```

第一个字符串使用双引号来定义，同时使用井号序列插入一个变量，最终这个字符串连同变量的值一同显示在了屏幕上。第二个字符串使用单引号来定义，虽然也使用了井号序列插入了一个变量，但是最终大括号中的变量没有被正确地替换成变量的值，且错误地显示成了 #{yearofbirth}。显然这不是预期的结果。第三个字符串的定义向大家展示了在井号序列中可以插入任意的表达式，只要正确地使用了双引号定义字符串，正确地使用了井号序列的语法，那么大括号中的表达式都能够被正确地执行并替换。

注意，这种在字符串中插入变量值的做法，业界通常称为"字符串格式化"（string interpolation）。

13.5 使用Ruby开发一个简单的字符串格式化工具

读者可以使用 Codecademy 来在线练习 Ruby 编程。Codecademy 网站创始于 2011 年，用于供大家使用浏览器免费学习编程，不需要安装任何额外的程序。接下来按照以下步骤演练本章介绍的 Ruby 程序编写方法（当然可能不止这些，如果之前没讲过，大家可以上网查一查相关的用法）。

（1）打开 Dummies 官网，单击 Codecademy 超链接。

（2）使用自己的账户登录 Codecademy 网站。

关于登录有什么好处我在第 3 章中已经讲过了，创建一个账户可以帮助大家随时保存工作进度，但这不是必需的。

（3）找到并单击"Introduction to Ruby"来实际演练一些基本的 Ruby 编程技术。

（4）介绍性的背景信息显示在页面的左上角，指示性的说明信息显示在页面的左下角。

（5）按照指示完成程序编写工作。

（6）如果按照指示完成了程序编写工作，请单击"Save and Submit code"按钮。

如果按照指示正确地完成了编程任务，画面上就显示绿色的图标。这样就可以进入下一个练习了。如果编写的程序中有错误，那么就会显示警告以及建议的修正方案。如果遇到了问题或者出现了难以解决的 bug，可以通过单击"hint"、查询 Q&A Forum 或者在 Twitter 上通过 @Nikhilgabraham 的方式向我提问，详细描述遇到的问题，并在最后加上 #codingFD。

第14章

大话Python编程

我选择 Python 作为项目的工作名称，这稍微有点不敬（我是 Monty Python 飞行马戏团的忠实粉丝）。

——Python 创始人吉多·范·罗苏姆（Guido Van Rossum）

Python 是一种服务器端的编程语言。它是由一位名叫 Guido van Rossum 的荷兰人创立的。他在 1989 年的冬天突然发现自己没什么事情做，于是开始琢磨到底做点什么来打发无聊的时光。当时他已经是一门名叫 ABC 的编程语言开发团队的一员，显然开发 ABC 语言的经历给了他许多灵感，他知道广大开发者在语言的运用方面到底想要什么，什么样的语言才能对大家更有吸引力。于是他带着这些美好的愿景与想法创建了 Python。虽然 ABC 语言"出师未捷身先死"，但是 Python 语言却在激烈的竞争中脱颖而出，成为目前世界上最为流行的编程语言之一。它的用户十分广泛，从刚刚学习编程的外行到那些资深人士都在使用 Python 语言开发着各种各样的应用。

在这一章里，我将为大家介绍 Python 编程的基础知识，包括 Python 语言背后的编程哲学，如何运用 Python 语言完成常见的基本编程任务以及一步一步地带领大家完成一个简单的项目。

14.1　Python的作用

Python 是一种通用编程语言，业界常常用它来开发网站。这一点与第 13 章介绍的 Ruby 语言非常相似，实际上这两种语言也确实非常相似，它们的共同点远远多于它们的不同点。Python 和 Ruby 一样，当用户从我们所开发的页面跳转到其他网站或者是当用户关闭浏览器时，Python 可以对浏览过程中生成的数据进行保存，这一点是 HTML、CSS 和 JavaScript 做不到的。使用 Python 可以很轻松地使用数据库保存现有数据，以及更新、获取已经保存的数据。例如，我想开发一个类似 Yelp 的本地服务点评类网站，用户的点评信息保存在一个中央数据库中。无论用户关闭浏览器还是关闭计算机，当他再次访问这个网站时都能够看到上次的留言。此外，当其他人搜索这名用户所点评的场所时，该网站同样会对中央数据库执行查询，并且会显示出之前的点评信息。将数据保存在数据库中是 Python 开发者最常见的工作之一，同时也有许多 Python 的库、成熟方案能够帮助大家轻松地完成数据库的创建与查询功能。

SQLite 是 Python 开发者常用的一种免费的、轻量级数据库服务，可以通过 SQLite 轻松实现数据的保存和查询。

许多用户众多、业务繁忙的网站（如 YouTube）都是用 Python 开发的。使用 Python 开发的几个知名网站如下所列。

- **»** Quora：社区问答网站。

- **»** Spotify：数据分析与挖掘。

- **»** Dropbox：远程办公。

- **»** Reddit：实时新闻。

- **»** Industrial Light & Magic 和 Disney Animation：开发电影特效。

从网站到软件再到特效，Python 的确是一种"多才多艺"的编程语言，它的功能强大到可以覆盖各行各业以及世界上的每个角落。此外，为了帮助 Python 进一步传播与推广，广大的 Python 开发者贡献了许多程序库，这些程序库通常会完成一些特定的功能，并且在开发完成后会向外界公开以供大家使用和改进。例如，一个名为 Scrapy 的程序库是用于在网络上"爬取"数据的，另一个名为 SciPy 的程序库是用来帮助各个领域的科学家和数学家完成复杂的数学计算的。Python 社区维护了成千上万个类似的程序库，并且绝大部分的程序库都是免费且开源的。

如果想知道某些知名网站都是使用何种编程语言来完成前端开发的，可以浏览 BuiltWith 网站来寻找答案。具体做法是在搜索栏中输入网站的网址并单击搜索，在搜索结果的"Frameworks"一栏中可以看到这个网站使用的主要编程框架。

不过一些网站虽然也有可能是使用 Python 来完成后台开发的，但有些后台开发的细节对于 BuiltWith 这样的在线分析网站而言是不可见的。

14.2 定义Python语言的程序结构

Python 有它独特的编程原则，正是基于这些原则，Python 程序形成了自身特有的程序结构。到现在为止，我们学到的所有编程语言都有自己独特的语法规则。例如，在 JavaScript 语法中大括号必须配对使用，在 HTML 语法中通常起始标签和结束标签要配对使用。Python 语言也不例外，也有一些特定的语法要求。接下来我会为大家介绍 Python 的设计原则与语法规范，这样大家就可以了解 Python 程序是什么样子，Python 的编程风格是什么以及 Python 都有哪些关键词和语法。我们可以使用这些特定的语法和关键词来告诉计算机需要做什么样的操作。Python 与 Ruby、JavaScript 类似，都有自己特有的语法，任何拼写错误、遗漏都会导致整个程序运行失败。

14.2.1 理解Python的程序设计原则

熟悉 Python 的人都知道，Python 一共有 19 条程序设计原则。这些原则从各个方面描述了 Python 语言是如何组织在一起的。一些最为重要的编程原则如下所示。

» 可读性很重要。这也许是 Python 最为重要的一条设计原则了。Python 的代码看起来非常像英语。它甚至强制要求了一些诸如缩进这样的编码格式，这也使得 Python 程序先天就比其他的编程语言更加具有可读性。高可读性这件事看似高大上，但实际上也十分接地气。比如可以使用定量化的方式来定义它：良好的可读性就是编写了一段程序，时隔 6 个月后当因为需要修改一个 bug 或者为这段程序添加一个新功能而再次阅读它们的时候，可以立即准确地找到切入点并展开开发与调试工作。完全不需要花太多时间去回忆当初这段程序是怎么写的。可读性也意味着别人同样可以很容易地使用或者调试程序。

TECHNICAL
STUFF

Reddit 是全美访问量最大的 10 大网站之一，在全球范围内排名也很靠前。这个网站的联合创始人 Steve Huffman 最初使用 Lisp 语言实现了该网站的一部分功能，后来他毅然转而使用 Python 来继续开发工作，究其原因就是因为 Python 具有"良好的可读性，简单易用"的特点。

>> 针对一个目标应该有一种并且最好只有一种最明显的实现方案。这个编程原则与 Perl 的座右铭形成了鲜明的对立。Perl 强调的是"永远有不止一种方法来实现"。如果使用 Python，也许 2 个程序员为了解决同一个问题写出了 2 段不同的程序，但是最理想的情况是这些程序应该比较类似，并且容易读、容易移植并且容易理解。虽然 Python 允许有不同的方式去实现同一个任务，但是如果存在一种很明显的、常用的实现方式，那么最好采用这种方式。例如当需要实现两个字符串合并时，最好使用常见的 + 运算符。

>> 如果某个方案不好解释，那么它一定不是一个好方案。在计算机行业的发展历史上，常常会有一些编程高手通过编写一些看起来非常奇怪的代码来提高软件的运行性能。然而，Python 从设计之初就不是为了追求极致的性能，因此这个原则提醒开发者如果需要在一种性能普通但可读性良好的方案和一种性能优异但是艰深难懂的方案之间做选择，那么建议采用前者。

我们可以通过两种方法来阅读完整版的 Python 设计原则，这些设计原则以一首诗的形式向大家完整地阐述了 Python 程序所追求的目标。第一种方法是可以在 Python 的解释器交互模式下输入 import this 后单击回车，此后这些内容就会显示在 Python 的解释器交互模式控制台上。第二种方法是可以通过访问 Python 官方网站来了解。这些编程原则是由 Python 社区成员 Tim Peters 编写的，他从一个第三者的视角形象地描述了 Python 创始人 Van Rossum 的理念。一个有意思的事情是，Python 的创始人 Van Rossum 又被人戏称为"终生慈善独裁者"（BDFL）。

14.2.2　程序风格及缩进

Python 与其他编程语言一个比较大的不同点就是它比较少地使用了标点符号，如下所示。

```
first_name=raw_input("What's your first name?")
first_name=first_name.upper()

if first_name=="NIK":
    print "You may enter!"
else:
    print "Nothing to see here."
```

本书中的示例程序都是由 Python2.7 编写的。当前业界一共有 2 种 Python 版本非常流行。它们分别是 Python2.7 和 Python3。Python3 是最新的版本，但是它并不能完全地做到向前兼容。因此使用 Python2.7 开发的程序有可能在 Python3 的解释器上出现问题，但这种情况也在不断地发生着变化。至于这两个版本的差异点，大家可以参照 Python 官网中的相关说明。如果大家运行上面这段程序，那么它实际上会执行以下操作。

» 在终端上打印 `What's your first name?`。

» 读取用户输入（`raw_input(What's your first name?)`）并把它保存在 `first_name` 变量中。

» 将用户输入的内容全部转换成大写。

» 测试用户的输入内容。如果输入内容是 "NIK" 则向终端打印 "`You may enter!`"，否则打印 "`Nothing to see here.`"。

后续的内容将对这些语句做详细的解释。现在大家只需要大概地看一看这些代码即可，重点留意 Python 代码的编码风格，具体如下。

» 更少地使用标点符号。在 Python 程序中不使用大括号、尖括号。这一点与 JavaScript 和 HTML 不同。

» 空白缩进代表具体的含义。同一级别的程序具有相同的缩进。请大家注意上述例子中 `if` 和 `else` 的对齐情况。并且在 `if`、`else` 的下一级中的 2 个 `print` 语句也具有相同的缩进量。我们可以自行决定缩进量，但是无论是使用 Tab 键还是空格来缩进，都必须保持一致（不要在一个文件中既使用空格又使用 Tab 键来缩进）。通常，标准的风格应该是使用 4 个空格作为一个缩进单位。

可以通过浏览 Python 官网上的相关内容来了解 Python 官方建议的分隔、缩进以及注释的编写风格。

» 换行意味着一个语句的结束。虽然也可以使用分号来将多行 Python 程序写在一行中，不过更加常见的做法是每一个语句占据独立的一行，这样做是从 Python 语言的角度推荐的。

» 使用冒号分隔程序块。一些新入门的 Python 程序员常常会问为什么非要用冒号来定义一个程序块。例如在 `if` 语句中就使用了冒号作为 `if` 嵌套程序块的开始。换行符不也可以达到同样的效果吗？显然这也是事出有因的。曾经有过一项针对是否采用冒号分隔程序块的用户调查，结果显示初学者更容易理解带有冒号的程序。

14.3　使用Python实现简单的任务

使用 Python 可以完成各种各样的任务，比如简单的字符串操作，以及十分复杂的图形游戏。这一点与诸如 Ruby 等其他编程语言比较类似。下面的编程任务对于每一种编程语言而言都是基础的编程概念，本节将使用 Python 来对它们进行解释。不要因为这些内容很基础，就不重视针对它们的学习。因为即便是那些非常有经验的开发者在学习一种新的编程语言（例如苹果最近发布的 Swift 编程语言）时也都需要从学习这些基础任务开始。如果大家已经认真学习了 Ruby 相关的知识，那么这些示例代码会看起来很眼熟。

可以从学习下面这些基础的 Python 知识开始，也可以跳过这些内容直接进入 14.5 节的学习。

Python 是一种非常流行的编程语言，之前有无数人已经非常好地掌握了它。因此如果学习过程中遇到问题，只要上网搜一搜就会找到满意的答案。要相信我们遇到的问题其他人也一定遇到过。

14.3.1　定义数据类型和变量

就像算数中的字母，变量是用来保存数据的一些关键词。保存了数据的变量可以在程序中使用。虽然保存在变量中的数据有可能会变化，但是变量的名称不会改变。可以把变量比作健身房的衣帽箱：虽然存放在衣帽箱中的东西有可能不同，但是衣帽箱的号码却不会发生改变。

Python 语言对变量的命名有明确的要求。变量的名称应该由字母、数字或下画线 "_" 组成，并且必须以字母或下画线开头。表 14-1 列出了 Python 变量可以保存的一些数据类型。

表14-1　　　　Python变量中保存的数据类型

数据类型	描述	示例
数字	正数、负数、小数	156–101.96
字符串	可显示字符	Holly NovakSeñor
布尔值	true 或 false	true、false

要想初始化或修改变量的值，可以先定义一个变量名，然后用 "=" 对其进行

赋值。具体做法如下：

```
myName = "Nik"
pizzaCost = 10
totalCost = pizzaCost * 2
```

注意不要使用数字 1、小写的 "L"（l）或大写的 "i"（I）来作为变量名的第一个字符。因为在某些字体设定下，这几个字符看起来实在太像了，难以区分，有时会与其他变量混淆。

注意，变量名是大小写敏感的。因此当我们在程序中引用一个变量时，MyName 与 myname 是不同的。并且不要随意地为变量命名，最好变量名自身就能够大致说明变量值的用途。

14.3.2　使用Python执行基本和高级的数学计算

在定义了变量后，接下来就可能需要使用保存在这些变量中的数值来完成一些数学计算了。一些简单的计算诸如加、减、乘、除等可以通过语言内置的运算符来完成。这些运算符的规则大多相同，大家在其他语言的学习中已经掌握了。一个略有不同的地方是 Python 中的指数运算（例如 2 的 3 次方）使用双星号来实现。示例如下。

```
num1 = 1+1   #equals 2
num2 = 5-1   #equals 4
num3 = 3*4   #equals 12
num4 = 9/3   #equals 3
num5 = 2**3 #equals 8
```

在 Python 中，"#" 代表注释。

不要只是看，最好实际运行一下这段代码！可以访问 Repl.it 网站来使用一个内嵌在浏览器中的轻量级 Python 解释器，这样既可以完成简单的编程练习，又不必下载和安装任何额外的软件。

一些诸如绝对值、舍入等高级的数学运算可以通过数学函数来实现。Python 内置了一些程序库可以非常轻易地实现这样的功能。具体的使用 Python 数学函数的方法是首先列出函数名，然后将变量或常量值作为参数，如下所示。

```
method(value)
method(variable)
```

使用诸如绝对值、舍入这样的数学函数需要遵循上面的语法。不过一些如向下取整、向上取整这样的函数通常保存在独立的数学模块中。如果想要使用这样的数学函数，那就要按照以下方式操作。

» 在代码头部插入"import math"这个语句，注意只需要插入一次。此后才可以使用这个模块中的数学函数。

» 通过"math.method(value)"或"math.method(variable)"方式来引用数学模块。

一些常用的数学函数如表14-2所示。

表14-2　　常用的Python数学函数

方法名	描述	实例	结果
abs(n)	返回数字 n 的绝对值	abs(-99)	99
round(n,d)	将数字 n 截取 d 个小数位	round(3.1415,2)	3.14
math.floor(n)	将数字 n 的小数位截掉	math.floor(4.7)	4.0
math.ceil(n)	将带有小数位的数字 n 向上取整	math.ceil(7.3)	8.0

TECHNICAL STUFF

模块是一种包含 Python 代码的文件。如果需要使用这个模块中的代码，那么在使用前必须要导入这个模块。

TIP

可以通过 Python 官方网站来查看 math 模块中的所有功能。

14.3.3　使用字符串及一些特殊字符

Python 的变量不仅可以保存数字，也可以保存字符串。在 Python 中，使用双引号或单引号来定义一个字符串。

```
firstname = "Travis"
lastname = 'Kalanick'
```

REMEMBER

变量也可以将数字以字符串的形式保存起来，只是它的类型将会是字符串而不是数字。虽然这个字符串看起来像个数字，但是这个所谓的"数字"与真正的数字类型不同，针对它不可以执行所有数字专用的操作。例如，在 Python 程序不可以这样写：amountdue = "18" + 24。如果这样写程序，会引起一个错误。不过，Python 支持对字符串进行"乘法"操作，这个所谓的"乘法"所实现的效果比较特别：print 'Ha'*3 将会输出 "HaHaHa"。此外，在字符串定义中如果包含未配对使用的单引号或双引号也会出错，因为在 Python 语法中，字符串中出现的单引号或双引号会结束这个字符串的定义。例如，我想声明一个内容为 'I'm on my way home' 的字符串，Python 解释器会认为在第一个字母 I 后面的单引号意味着这个变量赋值语句已结束。因此在此后出现的不完整字符串定义就会引起语法错误。这种情况可以通过转义序列来解决。当打算使用一些具有特殊含义的字符（如双引号，它的含义是字符串定义的开始或结束字符或者其他一些不可打印的字符如 Tab 键等）时，可以使用转义序列来展示。表 14-3 展示了一些使用转义序列的例子。

表14-3　　　　常用的Python转义符

特殊字符	描述	例子	结果
\' 或 \"	引号	print "You had me at \"Hello\""	You had me at "Hello"
\t	Tab 键	print "Item\tUnits \tPrice"	Item Units Price
\n	换行	print "Anheuser?\nBusch? \n Bueller? Bueller?"	Anheuser? Busch? Bueller? Bueller?

只有在使用双引号定义的字符串中转义序列才有效。如果大家对转义序列感兴趣，可以查看 Python 官方文档的相关内容。

14.3.4　使用if、elif、else进行条件判断

当把数据保存在一个变量中后，接下来可以做的就是将这个变量的值与一个固定值或者其他变量的值作比较，然后根据比较结果做决策。如果大家已经阅读了之前介绍 JavaScript 或 Ruby 的内容，就会发现这里讨论的内容与它们非常相似，虽然语言的种类不同，但是概念完全相同。if-elif-else 语句的基本语法如下。

```
if conditional1:
    statement1 to execute if conditional1 is true
elif conditional2:
    statement2 to execute if conditional2 is true
else:
    statement3 to run if all previous conditional are false
```

注意，这里没有大括号和分号，但不要忘记冒号并针对不同层次的语句进行正确地缩进！

if 后面是一个条件表达式，这个条件表达式将返回 true 或 false。如

果 conditional1 返回 true，那么后面嵌套的语句 statement1 将会执行。这就是针对 if 语句的最低语法要求。elif 和 else 是可选的。如果出现了 elif 或 else，那么只有在 conditional1 返回 false 的时候才会执行 elif 中的条件表达式。可以使用多个 elif 语句来引入多个条件判断。对许多个条件分别进行测试很多时候并没有实际的意义，而且会使程序变得很冗余。因此可以采用一种"一勺烩"的方式，也就是说必要的时候可以使用 else 来完成这一任务。当所有条件都不成立的时候执行 else 中嵌套的语句。

不可以在缺少 if 语句的情况下单独使用 elif 或 else 语句。可以使用多个 elif 语句，但是只能使用一个 else 语句。

在 if 语句中的条件表达式使用比较操作符来执行不同值之间的比较操作，常用的比较操作符如表 14-4 所示。

表14-4　　　　Python编程中常用的比较操作符

类型	操作符	描述	示例
小于	<	判断一个值是否小于另一个值	x<55
大于	>	判断一个值是否大于另一个值	x>55
等于	==	判断两个值是否相等	x==55
小于等于	<=	判断一个值是否小于或等于另一个值	x<=55
大于等于	>=	判断一个值是否大于或等于另一个值	x>=55
不等	!=	判断两个值是否不相等	x!=55

以下程序是一个使用 if 语句的例子。

```
carSpeed=55
if carSpeed > 55:
   print "You are over the speed limit!"
elif carSpeed == 55:
   print "You are at the speed limit!"
else:
   print "You are under the speed limit!"
```

如图 14-1 所示，上段代码有两个条件表达式，每个条件表达式用菱形表示。它们按照顺序执行比较操作。在这个例子中 carSpeed 等于 55，因此第一个条件测试（carSpeed>55）将返回 false，而第二个条件测试（carSpeed==55）将返回 true。因此 elif 中的语句得到执行，且最终在屏幕上打印："You are at the speed limit!"。当第一个条件表达式返回 true 后，整个 if-elif-else 语句将会停止执行。因此在这个示例中，永远也不会执行 else 分支。

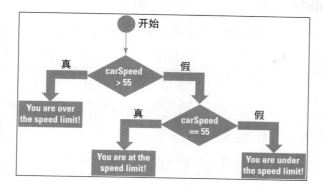

图14-1
一个包含
elif分句的
if-else语句

14.3.5　输入和输出

就像我们在本章中看到的一样，Python 允许使用者编写代码读取用户的输入并将输出显示在屏幕上供用户查看。我们可以使用 raw_input("Prompt") 来收集用户的输入，这个函数将用户的输入以字符串的形式保存在一个变量中。在下面的例子中，用户所输入的内容（他的姓）将保存在一个名为 full_name 的变量中。

```
full_name = raw_input("What's your full name?")
```

假设用户输入了他的名字"Jeff Bezos."，那么用户输入的内容将保存在一个名为 full_name 的变量中。如果将这个变量打印到屏幕上，你将会看到：

```
Jeff Bezos
```

注意，Python 在读取用户输入以后，并不保存用于表示换行的转义序列 \n。这一点与 Ruby 不同。

现在我们可能会感觉到在 Python 的解释器终端上打印一个变量或值与通过 Python 动态地生成一个可以在浏览器中显示的 Web 页面有非常大的差异。将 Python 与 Web 页面进行整合使其能够响应用户的操作请求或者动态生成 HTML 页面都是 Python 的高级功能，通常需要由一个使用 Python 编写的 Web 框架来配合完成。目前业界常用的框架有 Django 和 Flask。这两种框架都有很强大的内置功能，这些功能将会使这里提到的动态生成网页以及响应用户请求这样复杂的功能更加容易实现。不过这些框架通常都需要安装，并且需要花时间去配置环境。它们也会将用于显示的数据与页面的模板在架构上分离开。

14.4　字符串整形

无论什么时候去收集用户输入，将用户的输入内容进行适当的"整理"都是很重要的。通常需要将用户输入中存在的一些错误、不一致的内容删掉，这样才能保证后续的操作不会出错。一些常用的数据整理任务如下所示。

» 将字符串标准化。使用统一的大写或小写形式。

» 从用户输入中删除空格。

» 在用于显示的字符串模板中插入变量的值。

Python 在处理字符串方面的功能十分强大，它通过许多功能丰富的内置字符串方法使得各种对字符串的操作都变得非常简单。

14.4.1　使用点操作符调用upper()、lower()、capitalize()和strip()

当需要为一个字符串执行排序之前，通常都要先为这个字符串执行大小写标准化并删除这个字符串中多余的空格。例如，我正在为纽约尼克斯篮球队开发一个网站，球迷可以利用这个网站来预约在比赛结束后与球员见面。网站页面要求球迷输入他们的名字，这样球队安保人员就可以在球迷入场前检查球迷身份。查看过去球迷的入场签到表，我们发现针对同一个名字的写法五花八门。比如："Mark" "mark" "marK"，还有一些其他写法，这里就不一一列举了。如果任由球迷自由输入，并且不加控制的话，当对这份名单按照字母顺序进行排序的时候就不会得到我们想要的结果。为了让这些用户输入的姓名在格式上保持一致，可以使用表 14-5 中所列出的字符串方法。

表14-5　　常见的Python字符串方法

方法名	描述	示例	结果
string.upper()	将字符串全体转换为大写	"nY".upper()	"NY"
string.lower()	将字符串全体转换为小写	"Hi".lower()	"hi"
string.capital-ize()	将首字母大写，其余字母全部小写	"wake UP".capital-ize()	"Wake up"
string.strip()	删除开头和结尾的空格	" Ny ".strip()	"Ny"

14.4.2 使用%格式化字符串

为了在一个用于显示的字符串中插入变量的值，可以在字符串定义中插入格式化操作符 %。我们可以使用 %d 来匹配整数，使用 %s 来匹配字符串。匹配目标需要在字符串定义结束后使用小括号给出。以下示例程序展示了字符串格式化的具体用法。

代码：

```
yearofbirth = 1990
pplinroom = 20
name = "Mary"
print "Your year of birth is %d. Is this correct?" % (yearofbirth)
print 'Your year of birth is %d. Is this correct?' % (yearofbirth)
print "There are %d women in the room born in %d and %s is one of
them." % (pplinroom/2,yearofbirth, name)
```

运行结果：

```
Your year of birth is 1990. Is this correct?
Your year of birth is 1990. Is this correct?
There are 10 women in the room born in 1990 and Mary is one of them.
```

第一个字符串使用双引号来定义，同时使用格式化操作符插入了一个变量，最终这个字符串连同变量的值将一同显示在屏幕上。第二个字符串的运行结果与第一个的相同。这是因为 Python 与 Ruby 不同，使用单引号定义的字符串不会影响格式化操作。第三个字符串的定义向大家展示了在小括号中可以插入任意的表达式(pplinroom /2)，并且表达式的返回值将会被正确地插入字符串模板中的相应位置。

TECHNICAL
STUFF

注意，string.format() 是 Python 中用于字符串格式化的另一种方式。

14.5 使用Python开发一个简单的便利贴统计工具

我们可以使用 Codecademy 来在线练习 Python 编程。可以按照以下步骤演练本章介绍的 Python 程序编写方法（当然可能不止这些，如果之前没讲过，大家可以上网查阅相关的资料）。

（1）打开 Dummies 官网，单击 Codecademy 超链接。

（2）使用自己的账户登录 Codecademy 网站。

关于登录有什么好处我在第 3 章中已经讲过了，创建一个账户可以帮助大家随时保存工作进度，但这不是必需的。

（3）找到并单击"Python Syntax"来实际演练一些基本的 Python 编程技术。

（4）介绍性的背景信息显示在页面的左上角，指示性的说明信息显示在页面的左下角。

（5）按照指示完成程序编写工作。

（6）如果按照指示完成了程序编写工作，请单击"Save and Submit code"按钮。

如果按照指示正确完成了编程任务，画面上就会显示绿色的图标。这样就可以进入下一个练习了。如果编写的程序中有错误，那么就会显示警告以及建议的修正方案。如果遇到了问题或者出现了难以解决的 bug，可以通过单击"hint"、查询 Q&A Forum 或者在 Twitter 上 @Nikhilgabraham 向我提问，请详细描述遇到的问题，并在最后加上 #codingFD。

第 5 部分
玩转 Web 之 "十大绝技"

在这一部分，你将：

进一步了解如何使用在线资源学习编程；

紧跟行业的脚步，关注行业新闻与社区热议话题；

利用在线资源解决 bug；

学习编程的 10 个忠告。

第15章

程序员之友：10个编程常用的免费资源

科技的世界每天都在变化。新的技术不断诞生，开发者使用这些新的技术开发出新的产品，与此同时全社会因为使用了这些新产品从而孕育出新的市场机遇。当我花费大量时间来编写这本书并且通过这本书把知识传递给大家时，我向大家介绍的技术领域可能已经发生了或大或小的变化。因此想在 IT 产业中安身立命，"与时俱进"是命门所在。接下来我会为大家推荐几个常用的在线资源，借助这些资源大家可以独立地完成学习，并且在遇到困难时有人帮你答疑解惑，真正地做到"紧跟时代的脉搏"。

下面这些在线资源都是免费的。其中有一些是依靠社区网友们的不断捐助与支持才得以生存的（资金上的支持以及免费贡献技术解决方案等）。所以在大家享受到这些免费资源带来便利的同时，也请大家踊跃地参与进去，为社区的建设出一份力。

15.1 用来学习编程的网站

古人云"学海无涯"，这句话即便是在科技日新月异的今天仍然焕发着它独有的风采。学习编程就如同在一个汪洋大海中航行，即便是最有经验的人穷其一生也无法到达它的"终点"。新的编程语言和框架不断地涌现，每一个新出现的东西都带来了全新的知识与技术。因此想要让自己能够跟上时代的脚步，唯有不断地学习。虽然你可能还不是资深人士，但是可以通过灵活地使用这些在线资源迅速提高自己的水平。下面这些在线资源各有特点，适合刚刚开始学习编程的初学者。通过它们，你可以了解到计算机科学领域一些热门话题的前因后果，也可以通过它们提供的说明性资料以及一些视频教程来了解一些特定的Web 开发技术。大家可以按照自己的节奏来学习，也可以跟着那些有明确学习计划的课程一起学习。现在就来看一看这些内容吧。

15.1.1　Codecademy网站

Codecademy 网站是为了那些没有编程经验的人设计的，是在线学习编程的最佳途径。本书的许多章节都使用了这个网站上的一些编程练习。你可以使用这个网站来完成以下学习内容。

>> 学习 Web 前端编程：如 HTML、CSS 和 JavaScript。

>> 学习 Web 后端编程：如 Ruby、Python 和 PHP。

>> 按照 Airbnb、Flipboard 和 Etsy 的形式开发 Web 页面。

注意，前端语言用于实现网站的外观部分，即显示什么；后端语言用于实现网站的业务逻辑部分，也就是如何显示。可以回顾一下第 2 章的相关内容来加深理解。

使用 Codecademy 网站学习编程的一个非常好的方面是完全不需要下载和安装任何额外的软件。我们仅仅需要登录并开始学习即可。

如果遇到了问题，可以在说明部分的底端查看提示或者进入 Q&A 论坛去提问。其实大家遇到的问题通常都不是特别复杂，直接在 Q&A 论坛上找一找，说不定就已经有人针对此类问题做过了详细的解说，并且也提供了完善、有效的解决方案，大家只需耐心查找、认真理解即可。

15.1.2　Coursera和Udacity网站

大型开放式网络课程（Massing Open Online Courses，MOOC）是指通过互联网来向人数上没有限制的学生进行授课的在线服务。这种课程鼓励学生使用在线论坛，它具有高度的交互性，从而可以活跃在线社区的氛围。其中在北美比较流行的是 Coursera 和 Udacity。它们都有着各种各样编程相关的课程。每一门课都是通过视频讲课的形式，由各大高校等教学机构的老师或者行业专家来完成授课，如图 15-1 所示。在观看视频教程之后，该网站会通过家庭作业或者练习项目的形式来帮助学生加深对知识的掌握程度。这两个网站也都提供了一些付费的服务，比如一对一单独指导或者结业认证等。但是对于一些基础性的学习内容，大家大可不必为之付费。这些网站的主要卖点就是它们所拥有的丰富资源：数百小时的在线视频，涵盖了诸如 Web 前端开发、移动 Web 开发、数据科学以及其他一些基础的计算机科学理论等，具有涵盖面广、深入浅出的特点。

图15-1
Udacity上的视频课程，由弗吉尼亚大学教授David Evans介绍计算机科学理论

TIP

无论是在哪一个网站上学习，在开始之前都要先确认自己是否有足够的时间。每周要花费 5 ～ 10 小时，整个教程要持续 7 ～ 10 周才会收到比较良好的效果。

15.1.3　Hack Design网站

学习编程的另一个特别重要的方面是设计。一个好的视觉设计将会催生一个好的产品。一个只有几百个用户的网站与一个拥有几百万用户网站的主要区别可能就是设计的优劣。Hack Design 网站为大家准备了 50 个不同的设计课程，这些课程是由全球顶尖的设计师制作。而这些设计师中不乏来自 Facebook、Dropbox 以及 Google 等著名公司的专家。如果大家选择了这些课程，通常每周都会收到来自 Hack Design 的邮件，基于所学的内容推荐一些参考文章、课后练习等。这些主题涵盖了从排版设计、产品设计、用户交互以及快速原型工具的使用等。该网站中的课程直击行业痛点，具有非常好的时效性与可操作性。

许多专家级的设计师都有公开的作品展示网站，通过这些网站可以看到他们过去完成的设计和项目等。此外，他们中的许多人也将自己的创意公布到了Dribbble 网站上。

15.1.4　CODE网站

2013 年 12 月，CODE 网站因为举办了一个名为"Hour of Code"的学习编程活动而一举成名。在这个活动中，该网站允许 1500 万名美国学生同时参与，刷新了参与人数的历史记录。2014 年，CODE 网站还帮助 2500 万名在线学员完成人均 1 小时的编程练习。CODE 网站所拥有的课程的涵盖面很广，适合从幼儿园小孩到 8 年级的学生。同时它也提供了一些指向其他在线学习资源的链接，这些资源适合相当一部分年龄段的学员使用。CODE 网站上的内容主要如下。

» 针对 HTML、JavaScript、Python 以及其他一些编程语言的教程。

» 一些可视化的编程工具，可以帮助小学生、中学生通过鼠标拖曳的方式去学习编程。

» 帮助学员自行开发一些类似愤怒的小鸟（Angry Birds）、飞翔的小鸟（Flappy Bird）以及迷失太空（Lost in Space）这样的应用。

CODE 同时也提供了一些离线的编程学习内容。因此即便学员偶尔不方便连接互联网，也可以不间断地完成学习。

15.2　编程参考类网站

无论是通过阅读本书来学习编程还是在本书提供的这些网站上学习编程，大家都不可避免地会遇到不知道该如何解决的问题：显然，这是一个将人类的逻辑或形象思维转化为严谨的计算机程序过程中必然会发生的问题。重要是要制定一个计划，同时要找到一些能够帮助我们调试代码、解决问题的资源。以下的这些资源包含了许多参考性的说明，阅读和理解这些内容可以帮助我们检查程序中的语法错误。同时，这些资源还包括在线的用户社区，可以通过向社区求助的方式来发现程序中不易察觉的逻辑错误。

15.2.1　W3Schools网站

W3Schools 是目前针对初学者学习编程的最佳资源之一。这个网站包含了许多参考资料和基础教程，内容涵盖了 HTML、CSS、JavaScript、PHP以及一些其他的编程语言、库和行业标准，如图 15-2 所示。此外，编程参考说明页面还包括了许多程序示例。我们既可以通过查看这些示例来了解相关的用法，也可以在浏览器上直接修改它们，并实时地看到修改后的效果。同时页面上还非常贴心地列出了一长串的可用属性、值等，让大家可以随心所欲地尽情尝试。如果只是大概地知道如何在 HTML 页面上插入一幅图片、使用 CSS 修改文字颜色或者使用 JavaScript 来向用户显示一个警告，但是不清楚语法的细节，那么不要担心，W3Schools 会为大家提供无微不至的帮助。

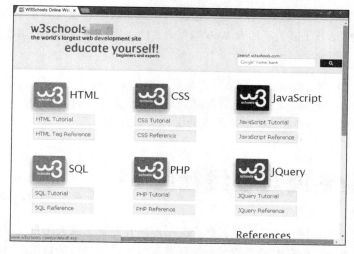

图15-2
W3Schools
网站上针对
HTML、CSS
和JavaScript
的编程参考及
教程页面

TECHNICAL
STUFF

虽然 W3Schools 是一个非常优秀的在线资源，但是不要被它的名字误导，它与 W3C 组织没有任何的从属关系，也没有所谓的"授权"。W3C 是一个管理性的组织，它的主要职责是针对 HTML、CSS 等些语言和数据格式制定标准。浏览器厂商需要遵循这些标准来解释和运行 HTML、CSS 等前端语言和数据格式。

15.2.2　Mozilla开发者网站

Mozilla 开发者网站（Mozilla Developer Network，MDN）是一个 wiki 风格的编程参考、教学类网站。其内容涵盖 HTML、CSS、JavaScript 以及各种各样的API。这个网站由在线开发者社区来维护，因此任何人都可以贡献自己的资源，即使是刚刚开始学习编程的各位读者也不例外。虽然这个网站对于初学者而言不如 W3Schools 那样简单易用，但是 MDN 仍然不失为一个 Web 语言教学方面非常全面、非常准确的权威性网站。开发者常常使用 MDN 来参考语法规则，有的时候也用它来检查桌面浏览器以及移动浏览器对于某些标签以及命令的兼容性。我们也可以从 MDN 上获得由 Mozilla 基金会主办的各类教程。Mozilla基金会是一个协助开发和维护 Firefox 浏览器的非营利性组织。

15.2.3　Stack Overflow网站

Stack Overflow 网站成立于 2008 年，虽然成立时间不长，但是它迅速地成为了一个供开发者针对编程中遇到的问题进行问答的最佳地点。任何人都可以在Stack Overflow 网站上提问，大家也可以针对这个问题提供答案，并且社区的成员还可以针对这些答案通过投票的形式来表达自己对其正确性的认同与否。这个网站几乎涵盖了所有 Web 编程语言的主题，最为流行的主题有 JavaScript、Ruby 和 Python。

在 Stack Overflow 上提问之前，最好在网站上搜索一下看看是否有同样的问题。在提出一个问题之前做充分的调查这已经成为了 Stack Overflow 上特有的"行为准则"。不遵守这个准则的人会引起大家的反感。

15.3　行业新闻与在线社区

现在开发者已经遍及全球。一个在上海的开发者可以为用户开发出一款爱不释手的 App，而在旧金山的另一个开发者也可以做同样的事情。网络的世界早已经突破了空间的界限，将全世界连接到了这张无边无际却又无处不在的"网"上。有很多在线资源可以帮助广大开发者互通有无、增进了解。我们可以通过这些资源了解其他人都在做什么，无论是知名的大公司还是各种各样初创型的公司。

此外，不光是其他人现在正在做的事情可能对大家有帮助，充分地了解行业内的各个组织在过去都做过什么也同样重要。例如，你打算开发一个网站，在具体着手编写程序之前充分了解一下过去业内都开发过哪些类似的产品是非常有必要的。通过了解这些过去的产品，可以更加清楚地意识到自己的网站需要在哪些方面做出改进。

这些资源除了可以让大家做到"知己知彼"以外，还可以让我们与许许多多具有相同或者类似目标的人建立联系。因此从这个角度上说，这些在线社区也是大家最为宝贵的资源之一。无论大家是开始学习编程还是作为一个专业人士针对一个网站的设计收集用户反馈，与他人配合工作总比孤立无援要好得多。

以下的这些资源将帮助大家随时获得最新的行业信息，也可以帮助大家与身边同样对编程感兴趣的人建立联系。

15.3.1　TechCrunch网站

TechCrunch 网站是一个非常流行的在线博客，涵盖了许多科技初创型公司以及主流科技公司的动态。2006 年，这个网站因为披露了 Google 以 16 亿美元的价格收购 YouTube 这则新闻而为人们所熟知。这个网站除了在线报告新闻还举办各类会议。例如名为"Disrupt"的行业会议就以其备受瞩目的业界领袖对话环节以及报道业内技术初创型公司动态而得到了全社会的关注。

TechCrunch 同时还运营了一个名为 CrunchBase 的数据库。在运营方式上，该网站采用了独特的"众包"方式，也就是不通过正式雇员而是通过在线招募志愿者的形式为其提供资源。这个数据库涵盖了 65 万个人以及公司的信息。现在 CrunchBase 已经成为最准确、最全面的针对初创型公司及其创始人的消息披露来源。

15.3.2　Hacker News网站

Hacker News (HN) 是一个由 Y Combinator 运营的技术讨论网站。Y Combinator 是一个位于美国加州的投资结构，主要为初创型公司提供资助。业界通常把这样的机构称为"创业孵化器"。HN 网站的主页由一组超链接构成，这些超链接常常指向那些很有前途的初创型公司或者一些由用户自行编辑上传的行业新闻，如图 15-3 所示。当用户编辑并上传这些内容后，全社区都会针对用户上传的内容进行投票，投票排名居前的内容将会被显示在网站首页上。

此外，社区的用户还可以针对大家提交的内容发表评论。有意思的是，社区的用户还可以针对这些评论发起投票，票数居前的评论内容会按照顺序显示在相应的内容页面上。因此，整个社区就通过这样一种"优胜劣汰"的机制，永远在其首页上向外界呈现最好的新闻，并且每一个提交页面上永远只显示最受欢迎的评论。这个社区的用户成千上万，其中也不乏知名人士。如 Airbnb 的联合创始人 Brian Chesky、Dropbox 的联合创始人 Drew Houston、Netscape 的联合创始人及知名投资人 Marc Andreessen、知名风险投资人 Fred Wilson 等。

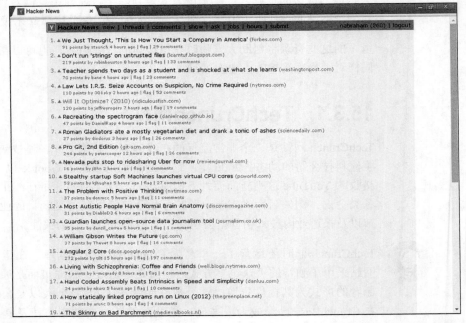

图15-3
Hacker News
主页，内容是
由社区评选出
的优秀新闻和
优秀评论

TIP

标题以"Show HN"开头的内容有其他的含义。它的意思是要求整个社区为这样一个刚刚上线的初创型网站做点评。此外，标题以"Ask HN"开头的含义是希望社区针对某一个问题做回答或者点评。

15.3.3　Meetup网站

Meetup 是一个本地交友类的网站。它通常基于共同的爱好组织不同的人见面或者安排一些活动组织让大家共同参与。Meetup 网站的社区成员中有一些热心人会充当组织者，他们通常会在网站上发布消息，然后安排会面的全过程。此后社区的成员们就会通过搜索的方式找到这些邀请信息，然后报名并参与到这些线下活动中去。如果大家对这个网站感兴趣，可以首先打开 Meetup 网站，然后按照以下步骤使用这个网站。

（1）输入所在的城市，以及大家所能够承受的出行距离。

（2）在搜索栏输入"coding"或"web development"。如果大家有一个特别想学习的语言，比如 Ruby 或者 JavaScript，就放在搜索栏中一起搜索。

（3）查看 Meetup 网站上显示的线下活动明细，找一个人数比较多的活动参加。参加后大家会收到这个团体后续活动的具体通知。此外针对那些即将开始的其他活动，大家也会收到邀请。有些活动需要支付一定的费用。

还是那句话，"闭门造车"远不如"结伴前行"。寻找那些与我们具有共同目标的人一同学习、一起进步将会带来极大的动力，并且会帮助我们在遇到困难和挫折的时候能够时刻保持旺盛的斗志。在这个网站组织的活动中，我们将会遇到许多抱有不同目的的人。有的人是为了开发网站，有的人是为了进一步提高自己的技术能力，好在现在的工作岗位上有更好的表现，还有的人是为了寻找一个技术相关的工作岗位。不管最终目的是否一致，这样的互相支持、互相鼓励都是一种非常有效的学习方法，特别值得初学者借鉴。

第16章
对初学者的10个忠告

如 今，学习编程这个事情比以往任何时候都流行。整个社会仿佛都沉浸在 IT 科技所营造的氛围当中，每个人似乎都想拥有一个自己的网站或者一个自己的 App。只要我们的朋友、家人或同事知道我们会编写程序，那么他们就会非常热情地与共同探讨技术问题或者针对某个特别的想法征求我们的意见。无论是把编程这件事情作为业余爱好还是学业目标（比如参加了一个为期 10 周的编程夏令营活动），学习编程始终是一件有挑战的事情。不过如果能够虚心学习，不断地从比自己强的人那里取其所长，总有一天我们自己也可以成为一名合格的程序员。请认真阅读并记住我为大家准备的这些忠告，尤其是那些刚刚开始学习编程的读者，这些内容一定会为你们的编程之路指明前进的方向。

16.1 选择任意一门编程语言

作为一个初学者，当面对浩如烟海的计算机技术时常常会觉得不知所措：到底应该从哪里开始呢？我们应该像上大学时一样，同时学习好几门课程，比如把 C++、Python、Java、Ruby、PHP 和 JavaScript 这些知识就像一桌酒席一样上齐了再一起开动还是像西餐一样，每次就选择其中一个小小的领域来展开学习呢？如果大家之前没有亲自编写过程序，我还是建议大家选择一门用于开发 Web 页面的语言。因为这样的语言比较容易上手，并且便于将其公开发布以便让其他人看到我们的工作成果。根据这个选择标准，我建议大家从 HTML 和

CSS 开始学习，因为它们都是标记语言，易学易懂。我们可以使用它们开发 Web 页面、在页面上布置内容、并通过 CSS 来调整页面风格。当已经掌握了如何在页面上添加内容后，那么就可以进入下一个环节：学习另一种用于操作页面内容的语言了。JavaScript 就是这样一种编程语言，它为 Web 页面添加交互式操作，同样它也易学易懂，适合初学者进行起步阶段的学习。此外 Ruby 和 Python 可以实现在页面上添加一些诸如登录、账户管理等高级功能。总之大家需要把握的一点是，不要贪大求全，面面俱到。寻找一个准确的切入点开始学习，不断练习才是正确的"打开方式"。

学习编程就如同学开车。当刚刚开始学开车的时候，我们大概不会太关注开的是什么车。当通过驾校考试后，我们总是信心满满觉得自己什么车都能开，即便是那些我们完全没有接触过的车型也不在话下。究其原因，是由于我们知道要想开车，首先就要找到点火开关、油门踏板和刹车踏板。学习编程也是同样：当我们学完一门语言后，我们就知道在学习下一门语言时需要关注什么。简而言之，那就是赶紧开始学习吧！

16.2 设定一个目标

当开始学习编程时，设定一个清晰的目标会鼓舞大家的士气，让你拼尽全力地达成这个目标。我们可以根据自己的喜好定义目标。但是要注意，这个目标一定是一个确实能够引起学习兴趣的目标。对于初学者而言，比较好的目标如下所示。

» 开发一个小型网站。为自己、一个小生意或者一个小团体开发一个包括 1 ～ 4 个不同页面的网站。

» 积累自己的技术名词字典。这样就可以在工作场所的会议中无须特别的解释和询问，就能立即理解那些开发者或者设计师的发言了。

» 如果萌生了一个网站或 App 的创意，那么就为它开发一个产品原型或一个原始版本。例如开发一个可以时刻掌握下一班公交车何时到站的 App。

首先，要从非常细节的编程任务开始练习，这就好比在烹饪学校学习切菜。为标题栏设置粗体显示就是这样的工作内容。也许这些工作太具体、太简单，大家会觉得做这些与我们的最终目标相去甚远。但是只要坚持从这些细小的工作着手不断学习，最后我们的知识体系就会是像堆积木一样，通过这些零敲碎打的知识点逐渐积累起来，最终趋于完备。

为自己选择一个能够建立自信并且循序渐进增长技能的简单目标。随着学习的不断深入，自信心也会不断提高。这时候我们再去定义一个更高的目标，比如开发一个看起来更专业的网站或 App。

16.3　分解目标

当设定了一个目标后，那么接下来就要将这个目标做合理的拆分。这会帮助你们掌握以下几点。

>> 认识到为了实现这个目标具体需要完成哪些工作。

>> 为每一个小步骤展开调查研究。

>> 如果对其中的某一个步骤感到疑惑，不知如何实现，就带着问题去寻找帮助。

例如想要开发一个能够随时知道下一班公交车何时到站的 App，那么可以将这个目标分解成以下步骤。

（1）查找当前所在位置。

（2）查找距离当前位置最近的公交车站的位置。

（3）查找前往这个车站的公交车次。

（4）查找这趟公交车当前的位置。

（5）计算从这趟公交车的当前位置到目的地的距离。

（6）为公交车确定一个（或者假定）平均速度，然后将距离转换成时间。可以使用这个公式完成这一转换：距离 = 速度 × 时间。

（7）将时间显示给用户。

将目标分解成这样的粒度会使得整个目标变得清晰并具有很强的可操作性。其中的每一个步骤都已经非常清晰且具体，沿着这些步骤就可以一步一步地实现最终的目标。在这些步骤的指引下，可以立即展开调查研究，比如可以调查如何查找用户的当前位置等。

最初当我们尝试对最终目标做分解的时候，也会遇到这样那样的问题。比如分解出来的步骤可能会过大或者遗漏掉某些重要的部分。不过不要气馁，随着学习的不断深入，大家的能力也会不断提高，最终完全可以驾驭这样的目标分解工作。在业界，这样的工作有时候也被称为"功能定义"。

16.4　鱼与熊掌：资源与时间的权衡

无论是在家里开发我们的第一个 App 还是在公司里与整个团队一起开发一个网站，我们的项目都会面临一个现实的问题：要做的事情很多，但时间却很紧迫。面对这样的情况，通常都会不可避免地产生 3 种结果：项目按期交付但是质量很差，项目延期交付或者整个团队加班加点项目按期交付。整个事情看似无解，要想按期达成就要适当地延迟交付时间，而这常常又是市场不允许的。当然也可以为项目组追加人员，但是通常这也不现实，因为用人的紧迫程度远远超过招聘的速度。

面对这样的情况，一个更好的策略是将整件事情分清主次，哪些功能是"蛋糕"，这些功能通常必须实现。哪些功能是蛋糕上的"点缀"，这些功能通常可有可无。这样做实际上也在帮助大家分清主次，明确优先级。如果项目一切顺利，无论是日程还是预算都绰绰有余，我们就可以腾出精力实现那些低优先级的功能。否则就需要集中精力完成那些高优先级的功能，而放弃低优先级的任务。

当我们开始开发工作时，首先要明确的就是已经针对重要的功能和可选功能做出了合理的分类。例如上面的公交信息查询 App，查找我当前的位置这个功能是可选的。因为如果没有这个功能，我们可以手动选择一个特定的公交车站。但是步骤 3 ～ 7 是很重要的功能，必须优先完成。此后如果时间允许，我们可以让 App 自动查找当前位置并通过当前位置来进一步查找最近的公交车站，这将使 App 的功能更加灵活易用。

开发者们常用的一个词"最小化可用产品"就是指对一个产品而言，使其能够正常工作所需要包含的关键功能集。

16.5　开发者之友：搜索引擎

开发者经常使用搜索引擎来为如何实现某一功能寻找答案或者针对一些特定的语法、命令或标签的用法来查找参考资料。例如，在几个月前你阅读了这本书，现在想为自己开发的网站插入一幅图片。虽然知道可以在 HTML 中插入一幅图片，但是却想不起来具体需要采用何种语法来实现。那么就可以通过以下步骤迅速、有效地找到答案。

（1）打开任一搜索引擎首页。

（2）搜索"HTML 图片 语法"这几个关键字。

搜索关键字的组成通常是：编程语言名称、想要做的事情以及"语法"这个词。一般来说这样搜索关键字就足以找到想要的资源了。

（3）针对 HTML 和 CSS 的语法问题，我们将会在搜索结果的前十位中看到以下这些网站，接下来就可以从中随便选择一个来仔细阅读。

- 对初学者而言，W3Schools 是寻找基础信息的最佳选择。

- 网站 Mozilla 是一个"众包"性质的、向用户提供文档和教程的网站。它所提供的资料非常翔实准确。不过有些内容对初学者而言理解起来稍微有一点点难度。

- Stack Exchange 和 Stack Overflow 这两个网站也是"众包"性质的网站。它们列举了大量的开发者之间的问答信息，绝大部分初学者在编程中遇到的问题都可以在这里找到答案。

- W3C 是 HTML 和 CSS 标准的实际管理组织。它所提供的资料是最准确的，但是从内容的角度看过于学术化，初学者理解起来有些难度。

也可以使用同样的方法来搜索在编写其他语言程序时遇到的问题或者从那些与我们做着类似事情的开发者手里找到我们想要的示例代码。

16.6　解决bug

当开始编写程序的时候，我们就会不可避免地在过程中犯下许多错误，这些错误通常被称为"bug"。常见的有以下 3 类错误。

» 当编写了一些计算机不认识的无效代码时会引起语法错误。例如，在 CSS 中如果想要设置一个元素的颜色，可以这样编写 color:blue;。如果写成了 font-color:blue，那么这段程序就会出现一个语法错误。究其原因，就是因为使用了一个无效的属性名。

>> 当编写的程序本身有效，但是却产生了一个非预期的效果时，这样的错误被称为"语义错误"。例如除零就是一个在 JavaScript 中典型的语义错误。

>> 当编写的程序本身有效，也产生了预期的效果，但是程序的执行结果却是错误的，这样的错误被称为逻辑错误或设计错误。例如在 JavaScript 中，当使用 var miles=4000*feet 来将英里转换成英尺时，这本身就是一个逻辑错误。虽然这段代码在语法上没有任何问题，并且它也忠实地完成了程序员所希望的操作，但是它所计算出的结果是错误的：因为实际上 1 英里应该等于 5280 英尺而不是 4000 英尺。

即便在编写 HTML 和 CSS 程序时有一些小错误，浏览器也会尽可能地让页面正确显示出来。不过，并不是任何情况下都可以这样"任性"。比如用像 JavaScript 这样的语言编辑的程序，任何语法错误都会导致整个程序停止工作。如何才能更好地发现并解决这些隐藏在程序中的 bug 呢？最好的办法是首先检查程序的语法，然后再仔细分析一下程序的逻辑。通过一行一行地反复推敲代码基本上就可以发现相当一部分的 bug。如果这样还是找不到问题出在哪里，可以让其他人帮忙一起看看代码，也可以将这些代码贴到在线社区上，让网友们一起帮忙分析一下。Stack Overflow 就是一个很好的选择。

通常开发者也会借助一些特殊的工具来协助自己诊断和调试代码中出现的错误。我们可以在 Code School 网站上找到许多可以在 Chrome 浏览器上使用的开发与调试工具。

16.7　将自己的作品发布出去

LinkedIn 公司的创始人 Reid Hoffman 曾经说过这样一句名言：如果大家觉得自己刚刚完成的作品还不错，那么实际上早就应该把它发布出去了。当开始编写程序的时候，无论自己做的是一个最简单的网站还是实现一些比较复杂的功能，都会觉得它们太幼稚、太低级，从而不想把我们的创意共享给其他人。Hoffman 的这句名言实际上就是说不管大家编写的程序到底是好还是不好，都要让它经受大众的审视，这样我们才能够有动力不断地改进自己的方案，最终的方案才能更加完美。无论开发的网站或者 App 有多大规模，如果能够尽早地收到外界的反馈并能够从反馈中吸取经验，这都要比关起门来沿着一条错误的路线前进要好得多。

大家要时刻记住这一点，今天那些拥有大量用户、光彩照人的网站并不是一天"养成"的。它们都是从那些不起眼的小网站、非常简单的原型一步一步不断改进、不断优化才走到今天的。例如，Google 最初的首页也只有很少的几个功能以及很初级的页面风格，如图 16-1 所示。

图16-1
1998年时的
Google网站
首页

16.8　收集反馈

当我们经过"千辛万苦"终于把自己的网站或者 App 做好之后，接下来就需要将自己的代码以及最终产品发布出去，并认真收集反馈。即便是网站的所有功能都可用，外观看起来也不错，也不意味着代码就无懈可击、功能完美无缺。例如，YouTube 网站最初是一个视频聊天交友类的网站，但是通过收集用户反馈，最终将自己的业务方向调整为一家在线视频共享的网站。

获取这类信息的最佳方法是针对我们的程序和产品收集各种定量化和定性的信息。具体来说就是统计用户对页面上每一个内容的单击次数、在每个页面上停留的时间等，它们提供了定量化的信息。这些信息可以帮助我们找到并优化那些低效的页面。此外可以通过向用户发送调查邮件、现场观看人们试用自己的网站然后面对面交流等方式来收集定性信息。通常这些数据和反馈会超出大家的想象：有一些自己觉得简单好用的功能用户反而觉得不好用、弄不明白，反过来自己觉得不怎么样的功能和设计，大家却认为挺好用。类似地，如果条件允许最好能够请自己的朋友或同事来帮助自己一起检查下代码。这件事情是软件开发标准流程中的重要一环，它被称为"代码审查"（code review），注意在工作场合中也是这样称呼的。这个过程既可以让其他人以第三方的视角帮助你们发现问题，同时也可以进一步梳理的思路，自己发现问题。

16.9　为自己的代码做迭代

当完成了对用户反馈的收集工作后，接下来就是针对这些反馈做二次迭代开发了。我们要针对这些用户反馈做认真的分析和归类，找出所提及的主要问题，然后重新设计方案去解决这些主要的问题。最终要保证无论是代码上的问题还是产品设计上的问题都能够得到有效改善。通常在花时间去改进自己的程序之前，要时刻记住产品的实用性永远是第一位的，所有的工作都要围绕这个主题来进行。

宏观上看，这种按照最小化必要功能集开发产品、收集产品反馈、持续迭代的过程叫作"精益创业理论"。在过去，工厂中的产品生产流程一经建立就难以做出任何改变。而如今对于软件工程而言，这就是一件简单到改几行代码就能搞定的容易事。这种不断迭代的灵活开发过程也与传统的软件开发瀑布模型形成了鲜明的对比：按照瀑布模型开发的软件通常需要更长的开发周期，并且在事前很难获得用户的反馈。

就像文章的草稿一样，保存旧版本的程序有时也是非常有用的。比如当发现某一个旧版本反而更受欢迎、发现了一个旧版本上不存在而新版本上出现的 bug 时，而碰巧这个 bug 又比较难以解决，这时就可以通过对比这两个版本的代码来解决这个 bug 了。

16.10　分享成功与失败

开发者的编程生涯中一定会遇到许许多多的事情。有的时候可能会发现某个网站上的资料有点看不懂或者有错误。有的时候也可能会找到一些非常好的在线资源以及一些非常实用的工具，它们在开发工作中起到了很重要的作用。也可能最终非常难过地发现根本就没人用我们的东西，使我们不得不放弃某个项目。

所有这些"成功的喜悦、失败的泪水"都值得"歌颂"。面对这些，我们最应该为自己也为大家做的事情就是去记录成功与失败。这样做的好处是让更多的人了解到我们的见解以及解决的问题。此后当有人使用搜索引擎找到了我们所解决的问题时，也会因为我们的分享而节省他们的时间。就像我们在遇到问题时也在搜寻其他人的解决方案一样。许多非技术出身的企业家也常常自学一些编程方面的知识以便亲身参与到产品原型的开发过程中。他们通过亲身体验、不断尝试，并适当总结与分享，在业界做出了令人瞩目的成就。比如 Foursquare 公司的 Dennis Crowley、Instagram 公司的 Kevin Systrom 就是这类企业家的杰出代表。

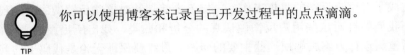 你可以使用博客来记录自己开发过程中的点点滴滴。